Mechatronische Entwicklung eines Forschungselektrofahrzeugs zur Erprobung von Fahrdynamikregelungen und Fahrerassistenzsystemen

Dissertation

zur Erlangung des akademischen Grades

Doktoringenieurin / Doktoringenieur

(Dr.-Ing.)

von Dipl.-Ing. (FH) Robert Buchta

geb. am 21.07.1983 in Peiskretscham, Polen

genehmigt durch die Fakultät Maschinenbau

der Otto-von-Guericke-Universität Magdeburg

Gutachter:

Prof. Dr.-Ing. Roland Kasper

Prof. Dr.-Ing. Torsten Jeinsch

Prof. Dr.-Ing. Xiaobo Liu-Henke

Promotionskolloquium am 17.07.2015

Berichte aus der Fahrzeugtechnik

Robert Buchta

Mechatronische Entwicklung eines Forschungs-elektrofahrzeugs zur Erprobung von Fahrdynamik-regelungen und Fahrerassistenzsystemen

Shaker Verlag
Aachen 2015

Bibliografische Information der Deutschen Nationalbibliothek
Die Deutsche Nationalbibliothek verzeichnet diese Publikation in der Deutschen Nationalbibliografie; detaillierte bibliografische Daten sind im Internet über http://dnb.d-nb.de abrufbar.

Zugl.: Magdeburg, Univ., Diss., 2015

Printed in Germany.

ISBN 978-3-8440-3983-2
ISSN 0945-0742

Shaker Verlag GmbH • Postfach 101818 • 52018 Aachen
Telefon: 02407 / 95 96 - 0 • Telefax: 02407 / 95 96 - 9
Internet: www.shaker.de • E-Mail: info@shaker.de

Vorwort

Die vorliegende Arbeit entstand während meiner Tätigkeit als wissenschaftlicher Mitarbeiter in der Fachgruppe Regelungstechnik & Fahrzeugmechatronik der Fakultät Maschinenbau an der Ostfalia Hochschule in Wolfenbüttel in Kooperation mit dem Institut für Mobile Systeme (IMS) der Otto-von-Guericke Universität Magdeburg.

Der Leiterin der Fachgruppe Regelungstechnik & Fahrzeugmechatronik, Frau Prof. Dr.-Ing. X. Liu-Henke, möchte ich einen ganz besonderen Dank aussprechen. Sie hat mich wesentlich unterstützt und stets die Arbeit durch wertvolle Anregungen gefördert. Unermüdliche Diskussionen eröffneten Wege, die im Rahmen dieser Arbeit erfolgreich beschritten werden konnten.

Dem Leiter des Instituts für Mobile Systeme, Herrn Prof. Dr.-Ing. R. Kasper, danke ich sehr für die Förderung und Begutachtung der Arbeit. Sein stetiges Interesse und die anregenden Diskussionen förderten neue Ansätze und trugen erheblich zum Gelingen der Arbeit bei.

Ebenfalls gilt mein Dank Herrn Prof. Dr.-Ing. T. Jeinsch für das Interesse an meiner Arbeit und die Übernahme des Korreferats. Von ihm gingen wertvolle Anregungen aus, die in diese Forschungsarbeit einfließen konnten.

Den Mitarbeitern im Fachgebiet, besonders Herrn M. Eng. F. Quantmeyer und Herrn Dipl.-Ing. (FH) N. Peters, gilt mein besonderer Dank. Die gute Zusammenarbeit und die zahlreichen kreativen und fruchtbaren Diskussionen beleuchteten und reflektierten Ideen und Ansätze, was zum Gelingen der Forschungsarbeiten beitrug.

Danken möchte ich auch den zahlreichen Studierenden, die mit studentischen Arbeiten zu dieser Arbeit beigetragen haben. Insbesondere die Arbeiten und das Engagement von Herrn M. Eng. D. Böttger zur konstruktiven Realisierung des Fahrzeugkonzepts in einem Prototypen sind besonders hervorzuheben.

Sehr großen Dank empfinde ich besonders gegenüber meiner Frau Lily. Sie hat mir während aller Phasen dieser Forschungsarbeit stets Rückhalt und Kraft gegeben und damit auch zum Erfolg der Arbeit beigetragen. Für ihre unerschöpfliche Unterstützung, ihr Engagement, aber auch die stetige und geduldige Rücksichtnahme, danke ich aus tiefstem Herzen.

Braunschweig, im August 2015

Robert Buchta

Inhalt

Formelzeichen

Bezeichner

a	Beschleunigung
A	Stirnfläche Fahrzeug
α	Wankwinkel
α_i	Schräglaufwinkel des Reifen i
b_x, b_y	Parameter MF-Tyre Reifenmodell
c_α	Schräglaufsteifigkeit
$c_{f,VA}$, $c_{f,HA}$	Federsteifigkeit Aufbaufederung Vorderachse, Hinterachse
c_m	Motorkonstante (Elektromotor)
c_v, c_h	Schräglaufsteifigkeit Vorderachse, Hinterachse
c_w	Luftwiderstandsbeiwert
c_x, c_y	Parameter MF-Tyre Reifenmodell
C	Gesamtakkukapazität
C_0	Nennkapazität des Akkus
c_L	Lenksteifigkeit
d_{VA}, d_{HA}	Dämpfungskonstante der Aufbaudämpfung Vorderachse, Hinterachse
d_{Rad}	viskose Reibung des Rades bei Drehung in Rollrichtung
D_{ESM}	Dämpfungsgrad Einspurmodell
δ	Spurwinkel
$\hat{\delta}$	Amplitude des Spurwinkels
Δ	Differenz
e_{mag}	Zielfunktion des Amplitudenverlaufs
e_{phase}	Zielfunktion des Phasenverlaufs
e_z	Parameter für degressiven Radlasteinfluss bei Reifenkräften
ε	Umkehrspiel
f	Frequenz
f_0	Eigenfrequenz

$f_{Grenz,TP}$	Grenzfrequenz Tiefpassfilter
F	Kraft
F_G	Gravitationskraft
$F_{R,z}$	Reifenfederkraft
F_W	Fahrwiderstandskraft
F_z	Radlast
F_{z0}	Statische Radlast
$G(s)$	Übertragungsfunktion eines Systems
G_{Aktor}	Übertragungsfunktion des Aktors
G_{ay,VA_δ}	Übertragungsfunktion vom Spurwinkel zur Querbeschleunigung an der Vorderachse
G_{β_δ}	Übertragungsfunktion vom Spurwinkel zum Schwimmwinkel
G_{ESM}	Übertragungsmatrix Einspurmodell
G_{i_MTyre}	Übertragungsfunktion vom Reifenmoment zum Strom
G_{i_ua}	Übertragungsfunktion von der Ankerspannung zum Strom
G_{φ_MTyre}	Übertragungsfunktion vom Reifenmoment zum Lenkwinkel
G_{φ_ua}	Übertragungsfunktion von der Ankerspannung zum Lenkwinkel
$G_{\dot{\psi}\_\delta}$	Übertragungsfunktion vom Spurwinkel zur Gierrate
$G_{Korr,vx}$	Übertragungsfunktion des Korrekturglieds der Fahrzeuglängsdynamik
G_{Lenk}	Übertragungsmatrix des MFM Lenkung
$G_{Mechanik}$	Übertragungsfunktion der mechanischen Strecke
G_{mess}	Experimentell ermittelter Frequenzgang
G_{modell}	Frequenzgang des mathematischen Modells
G_{Proc}	Übertragungsfunktion der Informationsverarbeitung
$G_{ref,vx}$	Übertragungsfunktion des Referenzmodells der Fahrzeuglängsdynamik
G_{Reifen}	Übertragungsfunktion des Reifenkraftaufbaus
$G_{R,vx}$	Übertragungsfunktion des Geschwindigkeitsreglers der Fahrzeuglängsdynamik

G_{RC}	Übertragungsfunktion des RC-Glieds
G_{Slip}	Übertragungsfunktion des Reifenumfangsschlupfaufbaus
$G_{S,vx}$	Übertragungsfunktion der Strecke der Fahrzeuglängsdynamik
γ	Nickwinkel
h_N	Höhe der Nickachse
h_{Wank}	Wankhebelarm
η	Wirkungsgrad
i	Elektrischer Strom
i_{Batt}	Batteriestrom
J	Massenträgheit
φ	Winkel um die x-Achse
k	Verhältnisfaktor der Reifenkraft
k_{eval}	Gewichtungsfaktor der Zielfunktion
k_{mot}	Motorkonstante (Elektromotor)
l	Radstand
l_v, l_h	Abstand Vorderachse, Hinterachse zum Schwerpunkt
L	Induktivität
m	Masse
m_v, m_h	Statische Achslast Vorderachse, Hinterachse
M	Moment
M_{Haft}	Haftreibmoment
$\widehat{M}$	Max. Moment
μ	Kraftschlussbeiwert der Fahrbahn
μ_0	Rollwiderstandsbeiwert
n	Anzahl der Stützstellen
n_{Zell}	Anzahl in Reihe geschalteter Akkuzellen
p	Druck
P	Leistung
Θ	Winkel um die y-Achse/ Trägheitsmatrix

Θ_{Rad}	Massenträgheit des Rades in Rollrichtung
r	Abstand/ Distanz
r_{dyn}	Dynamischer Reifenhalbmesser
$r_{Rad,stat}$	Statischer Reifenhalbmesser
R	Elektrischer Widerstand
R_i	Innenwiderstand einer Akkuzelle
s	Spurweite
s_{ges}	Gesamtschlupf des Reifens
s_x	Reifenumfangsschlupf
SoC	engl. State of Charge, relative Ladungsmenge
SoC_0	engl. Initial State of Charge, Initialwert der relativen Ladungsmenge
t	Zeit
T_{Mot}	Traktionsmoment
T_{Reifen}	Zeitkonstante für Reifeneinlauf
T_{Tot}	Totzeit
T_{vx}	Regelparameter für die Längsdynamikregelung
u	Eingangsgröße
u_a	Ankerspannung
U	Elektrische Spannung
U_{Batt}	Akkugesamtspannung
U_{OCV}	engl. open circuit voltage, offene Klemmenspannung
ü	Übersetzungsverhältnis
v	Geschwindigkeit
v_{Reifen}	Reifenumfangsgeschwindigkeit
ω	Winkelgeschwindigkeit
ω_0	Eigenkreisfrequenz
x	Weg in x-Richtung
y	Weg in y-Richtung

ψ	Winkel um die z-Achse
z	Weg in z-Richtung

Anmerkung: Bei mehrfacher Verwendung von Bezeichnern wird die Bedeutung im Kontext definiert. Nach der Zeit abgeleitete Größen werden durch einen Punkt über dem Bezeichner dargestellt. Zweifach nach der Zeit abgeleitete Größen werden durch zwei Punkte über dem Bezeichner dargestellt.

Bezeichner für lineare Zustandsdarstellung in der Regelungstechnik

$\underline{\underline{A}}$	Systemmatrix des linearen Systems
$\underline{\underline{B}}$	Eingangsmatrix
$\underline{\underline{C}}$	Ausgangsmatrix
$\underline{\underline{D}}$	Durchgangsmatrix
$\underline{u}$	Eingangsvektor
$\underline{x}$	Zustandsvektor
$\underline{\dot{x}}$	Ableitung des Zustandsvektors nach der Zeit
$\underline{y}$	Ausgangsvektor
$\underline{\underline{T}}$	Transformationsmatrix

Indizes

0	statischer Wert
eff	effektiv
elekt	elektrisch
EMF	engl. electromotive force, Gegeninduktion der E-Maschine
ESM	Einspurmodell
ers	ersatz
Fzg	Größen bezogen auf das Fahrzeug
ges	gesamt
HA	Hinterachse
HL	hinten links
HR	hinten rechts

i	vorne links, vorne rechts, hinten links, hinten rechts
Lenk	Größen bezogen auf Getriebeausgang des Lenkaktors
mag	Amplitude
max	maximal
MF	Magic Formula
Rad	Größen bezogen auf Rad
Reifen	Größen bezogen auf den Reifen
red	reduziert
ref	Führungsgröße
stat	stationär
TP	Tiefpass
VA	Vorderachse
VL	vorne links
VR	vorne rechts
x	in x-Richtung/ um die x-Achse
y	in y-Richtung/ um die y-Achse
w	Führungsgröße
z	in z-Richtung/ um die z-Achse

Anmerkung: Aus dem Kontext erklärende Indizes wie Straße, Wind, Nenn sind nicht aufgeführt.

Abkürzungen

2D	Zweidimensional
3D	Dreidimensional
ABC	engl. Active Body Control
ABS	Anti-Blockier-System
ADAS	engl. Advanced Driver Assistance System
AFS	engl. Active Front Steering
AMS	Autonomes Mechatronisches System
ARS	engl. Active Rear Steering
ASCA	engl. Active Suspension via Control Arm
AUTOSAR	engl. Automotive Open System Architecture
BCS	engl. Body Coordinate System
BMS	Batteriemanagementsystem
CAN	engl. Controller Area Network
CAS	Computer Algebra System
CVT	engl. Continous Variable Transmission
DG	Differentialgetriebe
eABC	engl. electronic Active Body Control
ECU	engl. Electronic Control Unit
EPS	engl. Electric Power Steering
ESM	Einspurmodell
Fa.	Firma
FDR	Fahrdynamikregelung
FG	Freiheitsgrad
FKL	Frequenzkennlinien
FPU	engl. Floating-Point-Unit
G	Getriebe
GPS	engl. Global Positioning System
HA	Hinterachse

HiL	Hardware-in-the-Loop
ICS	engl. Inertia Coordinate System
IMU	engl. Inertial Measurement Unit
INS	engl. Inertial Navigation System
IPC	Industrie PC
ISA Bus	engl. Industry Standard Architecture Bussystem
I/O	engl. Input/Output
LAN	engl. Local Area Network
M	Motor
MEMS	Mikroelektromechanischer Sensor
MFG	Mechatronische Funktionsgruppe
MFM	Mechatronisches Funktionsmodul
MiL	Model-in-the-Loop
MIMO	engl. multiple input multiple output
MKS	Mehrkörpersimulation
MMI	Mensch Maschine Schnittstelle
M-Mobile	Mechatronic-Mobile
MOSFET	engl. Metal-Oxide-Semiconductor Field-Effect Transistor
MP	Momentanpol
NEFZ	Neuer Europäischer Fahrzyklus
NHTSA	engl. National Highway Traffic Safety Administration
NiMH	Nickel-Metallhydrid
OEM	engl. Original Equipment Manufacturer
PC	engl. Personal Computer
PPC	Power PC
PHS Bus	engl. Peripheral High Speed Bus
PMSM	engl. Permanent Magnet Synchronous Motor
PT1	Verzögerungsglied 1. Ordnung
PT2	Verzögerungsglied 2. Ordnung

pwm	Puls-Weite-Modulation
RC	engl. Radio bzw. Remote Controlled
SG	Schaltgetriebe
SiL	Software-in-the-Loop
SNR	engl. signal-to-noise-ratio
SoC	engl. State of Charge
SP	Schwerpunkt
TP	Tiefpass
TV	Torque Vectoring
ÜF	Übertragungsfunktion
VA	Vorderachse
VDI	Verein Deutscher Ingenieure
VMS	Vernetztes Mechatronisches System
WLAN	engl. Wireless Local Area Network

1 Einleitung

Dieses Kapitel fokussiert die Motivation zum Aufbau des Forschungselektrofahrzeugs Mechatronic-Mobile (M-Mobile), in dem eine Integration der Schlüsseltechnologien Elektromobilität und Fahrdynamikregelsysteme mit dem Ziel eines energieeffizienten, sicheren und komfortablen Fahrbetriebs erfolgt.

Weiterhin sind die Ziele und der Aufbau dieser Arbeit Teil der Einleitung.

1.1 Motivation zum Aufbau eines Forschungselektrofahrzeugs

Die Anforderungen zur Erfüllung des Mobilitätsanspruchs verschärfen sich zunehmend. Mit dem global steigenden Bedarf an individueller Mobilität und der zunehmenden Erschöpfung fossiler Ressourcen sind weitreichende Maßnahmen zur Sicherstellung der Mobilität und insbesondere des Individualverkehrs unter Berücksichtigung eines nachhaltigen Klimaschutzes erforderlich. Durch das höhere Verkehrsaufkommen verschärfen sich auch die Anforderungen zur Erfüllung des angestrebten Ziels einer deutlichen Reduzierung der Unfallzahlen mit einer Sterberate von Null im Straßenverkehr. Da das Potential passiver Sicherheitssysteme in Fahrzeugen weitgehend ausgeschöpft ist, werden vermehrt aktive Sicherheitssysteme und Fahrerassistenzsysteme eingesetzt. Bei den Anforderungen zur Sicherstellung einer sicheren und nachhaltig umweltschonenden Mobilität sind die Bedürfnisse der unterschiedlichen Weltmärkte zu berücksichtigen, was global unterschiedliche Kundenansprüche bedeutet.

Diese aufgeführten Faktoren führen zu außerordentlich komplexen Anforderungen, die in einer hohen Systemkomplexität, verstärkt durch eine immer größere Variantenvielfalt, resultieren. Verschärfend kommt der steigende Wettbewerbs- und Kostendruck in der globalen Automobilindustrie hinzu, bei dem die OEMs und die Zulieferer für einen nachhaltigen Markterfolg einem stetigen Innovations- und Qualitätsdruck verbunden mit einem günstigen Kosten-Nutzen-Verhältnis des Produkts ausgesetzt sind. Der globale Wettbewerb bedingt für einen dauerhaften Markterfolg kürzere Entwicklungszyklen trotz steigender Systemkomplexität. Um diesen Herausforderungen gerecht zu werden, ist die Entwicklungsmethodik von herausragender Bedeutung, da daraus der zeitliche und finanzielle Entwicklungsaufwand resultiert.

Als Beitrag für eine Lösung einer nachhaltigen, individuellen Mobilität wird die Elektromobilität idealerweise mit einer Speisung aus regenerativen Energien gesehen. Aufgrund der hohen energetischen Effizienz im Betrieb und der Vermeidung lokaler Emissionen wird diese Lösung häufig favorisiert, wobei der Beitrag zum Klimaschutz aufgrund der Herkunft der elektrischen Energie für den Fahrbetrieb und der daraus resultierenden CO_2-Gesamtbilanz und weiterhin des gesamten Energiebedarfs von der Quelle bis hin zur Verwertung und Entsorgung am Ende des Fahrzeuglebens auch umstritten ist [Bos12, Lie12].

Dieser Wechsel zur neuartigen Antriebstechnologie führt zu einem revolutionären Wandel in der von Verbrennungsmotoren geprägten Automobilindustrie. Der seit über 100 Jahren als Fahrzeugantrieb eingesetzte Verbrennungsmotor wird nun durch einen elektrischen Antrieb mit entsprechendem Energiespeicher ergänzt bzw. ersetzt und führt so zu einem elektrifizierten Antriebsstrang eines konventionellen Fahrzeugs oder deutlich weitreichender zu einer kompletten Neuentwicklung eines Elektrofahrzeugs unter Berücksichtigung neuer, mit dem Technologiewechsel verbundenen, Aspekte.

Die daraus entstehenden Chancen zur Synergieerzeugung begründen die Entstehung des Forschungsprojekts Mechatronic-Mobile (M-Mobile) an der Hochschule Ostfalia. Das Forschungsprojekt fokussiert eine Integration der Schlüsseltechnologien intelligente Fahrdynamikregelsysteme mit entsprechenden aktiven Fahrwerksystemen und Elektromobilität (Abbildung 1-1) in dem Forschungsfahrzeug M-Mobile. Ziel dabei ist es einen sicheren, komfortablen und energieeffizienten Betrieb unter Ausnutzung des Synergiepotentials in Form von verbesserten bzw. erweiterten und teilweise sogar neuen Funktionalitäten zu ermöglichen. Beispiele hierfür sind eine aktive Vorspur zur Fahrwiderstandsreduzierung und Bremswegverkürzung und eine aktive Dämpfung der Fahrzeugaufbaubewegung durch rein generatorischen Betrieb zur Energierückgewinnung.

Abbildung 1-1: Integration der Schlüsseltechnologien im Forschungselektrofahrzeug M-Mobile [Liu10]

Zur Abbildung des gesamten Synergiepotentials sieht das Konzept für das Forschungsfahrzeug M-Mobile eine aktive Beeinflussung aller sechs Freiheitsgrade des Fahrzeugaufbaus vor. Als Fahrzeugantrieb sind wegen der gegenwärtigen Verbesserung der Leistungsdichte von Traktionsantrieben für Elektrofahrzeuge Direktantriebe als dezentrale Antriebe vorgesehen. Aus dieser topologischen Anordnung lassen sich aktive Radmodule ableiten, die zur gezielten Beeinflussung der Reifenkräfte und der Radlast dienen. Daraus entsteht ein vollaktives Forschungselektrofahrzeug mit dem Potential zur Integration der Schlüsseltechnologien Elektromobilität und integrierte, intelligente Fahrdynamikregelsysteme.

Eine vollständige Ausschöpfung dieses Potentials mit einer verbundenen Synergieerzielung lässt sich bei diesem überaktuierten System nur mit einer geeigneten Informationsverarbeitung erreichen. Der hohen Systemkomplexität und der kurzen Entwicklungszeiten kann dabei mit einer ganzheitlichen und strukturierten

Vorgehensweise, wie sie bei der modellbasierten Entwurfsmethodik in der Mechatronik angewandt wird, begegnet werden. Damit wird sukzessiv die Informationsverarbeitung von den lokalen Regelungen bis hin zur globalen, integrierten Regelung entworfen und realisiert.

Bei den integrierten Fahrdynamikregelsystemen existieren Ansätze, die jedoch häufig für Fahrzeuge mit Zentralantrieb und Verbrennungsmotor entworfen wurden und damit nicht die Stellmöglichkeiten eines dezentralen Antriebsstrangs und des generatorischen Bremsens berücksichtigen. Auch spielt häufig bei der Stellgrößenverteilung der Energiebedarf gegenüber den systembedingten Einschränkungen eine sehr untergeordnete Rolle. Bei reinen Elektrofahrzeugen hingegen ist dieser Energiebedarf nicht zu unterschätzen und erfordert mehr Beachtung aufgrund der vergleichsweise geringen Energiedichte elektrischer Energiespeicher verglichen mit konventionellen Kraftstoffen. Mit einer ganzheitlichen Vorgehensweise werden im Forschungsprojekt existierende aktive Fahrwerksysteme neben ihrer Wirkung auch auf den Energiebedarf hin untersucht, um daraus für einen energieeffizienten Gesamtbetrieb eine Konfiguration des Gesamtfahrzeugs abzuleiten. Dazu erfordert es eine geeignete Stellgrößenverteilung in der hierarchisch strukturierten Informationsverarbeitung, um durch definierte Randbedingungen die teils in Konflikt zueinander stehenden Ziele aus Energieeffizienz, Agilität, Fahrsicherheit und Fahrkomfort zu erfüllen.

In einem folgenden Schritt sieht das Forschungsprojekt eine Vernetzung mit dem Fahrzeugumfeld durch Car-to-X-Kommunikation vor, um mittels fortgeschrittener Fahrerassistenzsysteme (kurz ADAS, engl. Advanced Driver Assistance Systems) und Nutzung zusätzlicher Informationen aus einer Prädiktion bevorstehender Fahrsituationen eine Erhöhung der Fahrsicherheit und der Energieeffizienz zu bewirken. Dabei stellen die ADAS eine überlagerte Informationsverarbeitung dar und berücksichtigen die Randbedingungen der Elektromobilität, wie beispielsweise eine wirkungsgradoptimale Energierückgewinnung beim Verzögern.

Diese Arbeit trägt mit dem mechatronischen Entwurf des M-Mobiles zum Forschungsprojekt bei. Neben einer ganzheitlichen Konzeption der Fahrzeugkonfiguration erfolgt die modellbasierte Synthese der hierarchisch strukturierten Informationsverarbeitung, dessen Kern eine integrierte Fahrdynamikregelung für eine aktive Längs- und Querdynamik ist. Dabei erfolgt die Stellgrößenverteilung für das überaktuierte System anhand eines analytischen Ansatzes mit dem Ziel einer gleichmäßigen Kraftschlussausnutzung. Für eine praxisnahe Verifikation wurde im Rahmen dieser Arbeit ein Funktionsträger realisiert.

1.2 Ziel und Aufbau dieser Arbeit

Zielsetzung dieser Arbeit ist die mechatronische Entwicklung des Forschungs-elektrofahrzeugs M-Mobile, das eine gewünschte, kontrollierte Fahrdynamik in der Elektromobilität mit einem energieeffizienten Gesamtbetrieb abbilden soll. Nach einer Untersuchung aktiver Fahrwerksysteme und Antriebstrangtopologien in der Elektromobilität hinsichtlich ihrer querdynamischen Wirkung und ihres Energiebedarfs bzw. der Wirkungsgradverluste wird ganzheitlich eine Fahrzeugkonfiguration für einen energieeffizienten Gesamtbetrieb eines batterieelektrischen Fahrzeugs konzipiert. Anhand einer durchgängigen, modellbasierten und verifikationsorientierten Entwicklungsmethodik wird für das Gesamtsystem eine neuartige integrierte Fahrdynamikregelung entworfen, die neben einem stets sicheren Fahrverhalten auf einen energieeffizienten Gesamtbetrieb abzielt und so funktionale Synergien schafft. Ein weiteres Ziel der Arbeit ist die Realisierung eines Forschungselektrofahrzeugs, das ein Gesamtfahrzeug im Maßstab 1:3 als Funktionsträger abbildet und zur Verifikation der hierarchischen Informationsverarbeitung unter realen Bedingungen dient.

In Kapitel 2 wird das Forschungselektrofahrzeug als mechatronisches Gesamtsystem eingeführt. Für das komplexe mechatronische System wird die notwendige ganzheitliche und strukturierte Vorgehensweise erläutert, dessen Kern die hierarchische Strukturierung und Mechatronische Komposition sind.

Sodann beschreibt Kapitel 3 die Konzeption des Gesamtsystems M-Mobile. Neben der Problemdarstellung für die Auswahl aktiver Fahrwerksysteme und einer geeigneten Antriebstrangtopologie für einen energieeffizienten Gesamtbetrieb eines batterieelektrischen Fahrzeugs wird nach einer ganzheitlichen Untersuchung eine entsprechende Gesamtfahrzeugkonfiguration konzipiert. Weiterhin werden Ansätze zur integrierten Fahrdynamikregelung aufgezeigt und diskutiert. Aus den Erkenntnissen und gemäß den Anforderungen erfolgt eine Konzeption des Gesamtsystems. Abschließend wird der realisierte Funktionsprototyp mit der Umsetzung der Teilsysteme, dem Energiespeicher und der Echtzeithardware beschrieben.

Grundlage der ganzheitlichen Entwicklungsmethodik ist eine durchgängige, funktions- und verifikationsorientierte modellbasierte Vorgehensweise von Beginn an. Die dafür notwendigen Modelle zur Beschreibung des physikalischen Verhaltens des Gesamtfahrzeugs werden in Kapitel 4 aufgezeigt. Zur Gewährleistung der Abbildung des realen Systems werden in Kapitel 5 die physikalischen Systemparameter des Bewegungsverhaltens des Fahrzeugs und seiner Teilsysteme identifiziert. Dabei erfolgt die Identifikation des linearen Verhaltens im Frequenzbereich mit einer anschließenden Validierung des nichtlinearen Verhaltens im Zeitbereich.

Der modellbasierte Entwurf der hierarchischen Informationsverarbeitung erfolgt in Kapitel 6. Es wird die hierarchisch angeordnete Regelstruktur, die aus einer zentralen, globalen Fahrdynamikregelung und dezentralen, lokalen Regelungen besteht, konzipiert. Kern der neuartigen integrierten Fahrdynamikregelung ist eine analytische Stellgrößenverteilung, die die erweiterten Stellmöglichkeiten der Elektromobilität berücksichtigt und deren Randbedingungen für das überaktuierte System auf einen energieeffizienten Gesamtbetrieb bei sicherem Fahrbetrieb abzielen.

Kapitel 7 fokussiert die Verifikation der Informationsverarbeitung. Dabei werden sicherheitskritische Fahrmanöver in einer Gesamtfahrzeugsimulation betrachtet. Weiterhin erfolgt eine messtechnische Analyse am realisierten Funktionsträger.

Die Arbeit endet mit einer Zusammenfassung und dem Ausblick.

2 Mechatronischer Entwurf am Beispiel des M-Mobiles

Das Forschungselektrofahrzeug M-Mobile ist ein mechatronisches System bestehend aus Komponenten unterschiedlicher Domänen, in denen die Fachdisziplinen Mechanik, Elektrotechnik, Elektronik, Regelungstechnik und Informationsverarbeitung zusammenwirken. Im Allgemeinen ist die Mechatronik keine einfache Addition einzelner Fachdisziplinen sondern vielmehr ein interdisziplinäres Zusammenwirken der einzelnen Domänen bis hin zur Integration dieser zu einem Gesamtsystem. Dabei verschwinden die funktionalen und geometrischen Grenzen mit dem Grad der Integration fließend [Ise08]. Durch das Entfernen der funktionalen und räumlichen Trennung steigt die Systemkomplexität, aber auch das Potential zur Funktionsverbesserung, Funktionserweiterung, Funktionsverlagerung bzw. Erschaffung neuer Funktionen mittels synergetischer Effekte. Das Ziel der mechatronischen Entwicklung ist das Auffinden einer optimalen Lösung, die zu Synergien und innovativen Lösungen führt, in der Integration der domänenspezifischen Komponenten [Ise08]. Dazu bedarf es einer funktionsorientierten und ganzheitlichen Entwurfsmethodik von Beginn der Entwicklung an, wozu sich konventionelle Entwurfsverfahren aufgrund der Komplexität und Interdisziplinarität mechatronischer Systeme für eine zeit- und kosteneffiziente Entwicklung nicht eignen.

Wegen der hohen Systemkomplexität ist für den systematischen Entwurf mechatronischer Systeme eine ganzheitliche Betrachtung des Gesamtsystems von Beginn der Entwicklung an mit einer strukturierten Vorgehensweise unerlässlich. Dabei werden die Aktorik, Sensorik und Informationsverarbeitung gemeinsam mit der mechanischen Tragstruktur als ein Gesamtsystem betrachtet und die Gesamtdynamik kann hinsichtlich eines gewünschten kontrollierten Systemverhaltens bereits in frühen Phasen des Entwurfsprozesses beeinflusst werden.

Für den Entwurf des Gesamtsystems M-Mobile wurde eine Entwicklungsmethodik verwendet, dessen Kern die hierarchische Strukturierung und die mechatronische Komposition ist. Die Auslegung erfolgt dabei mittels einer ganzheitlichen, durchgängigen und verifikationsorientierten Vorgehensweise in einem modellbasierten und rechnergestützten Entwurfsprozess [Lüc00, Liu05].

Für eine strukturierte Übersicht des komplexen Gesamtsystems mit definierten Schnittstellen in horizontaler und vertikaler Richtung erfolgt zunächst die hierarchische Strukturierung in einem Top-Down-Prozess. Dabei werden die Hauptfunktionen des Gesamtsystems in Teilfunktionen zerlegt und hierarchisch in den vier Ebenen Mechatronisches Funktionsmodul (MFM), Mechatronische Funktionsgruppe (MFG), Autonomes Mechatronisches System (AMS) und Vernetzte Mechatronische Systeme (VMS) gegliedert [Lüc00, Liu05, Liu08]. Die anschließende modellbasierte Komposition erfolgt gemäß des Rapid Control Prototypings (RCP) in einem durchgängigen, verifikationsorientierten Prozess aus Model-in-the-Loop (MiL), Software-in-the-Loop (SiL) und Hardware-in-the-Loop (HiL). Mit den Schwerpunkten Modellbildung, Analyse und Synthese wird dabei das Gesamtsystem zunächst sukzessive im Rechner abgebildet und anschließend sukzessiv auf einem HiL-Prüfstand erprobt und optimiert. Die Synthese und Analyse erfolgt in der mechatronischen Komposition in allen Teilsystemen und auf allen Hierarchiestufen.

Dieses Kapitel fokussiert die mechatronische Strukturierung des M-Mobiles und die Vorgehensweise bei der mechatronischen Komposition anhand des vorgestellten Entwurfsprozesses.

2.1 Mechatronische Strukturierung

Die Domänenvielfalt und damit der heterogene Charakter in der Mechatronik resultiert in einer hohen Systemkomplexität. Für einen systematischen Entwurf ist die Beherrschung dieser Komplexität notwendig. Anhand einer klaren Strukturierung des Gesamtsystems erfolgt eine übersichtliche Darstellung der Teilfunktionen.

Die Strukturierung fokussiert die Modularisierung und Hierarchisierung des Gesamtsystems. Bei der Modularisierung werden in einem Top-Down-Prozess Teilfunktionen aus dem Gesamtsystem abgeleitet und in Module gekapselt. Bei der Hierarchisierung erfolgt eine hierarchische Anordnung dieser mit definierten Schnittstellen. Über diese kommunizieren die Module mit ihrer Umgebung. Gemäß [Lüc00, Liu05, Liu08] erfolgt die Modularisierung und Hierarchisierung auf den folgenden vier Ebenen:

Mechatronisches **F**unktions**m**odul (**MFM**)
Auf der untersten Hierarchieebene sind die mechatronischen Funktionsmodule angeordnet, die jeweils mit einer Funktionalität gekapselt sind. Bestehend aus Aktorik, Sensorik, Informationsverarbeitung und mechanischer Tragstruktur zählen diese Module mit den kleinsten Zeitkonstanten zu den vitalsten Elementen des Systems, weshalb deren Informationsverarbeitung teilweise harte Echtzeitbedingungen erfüllen muss. Mit ihrer Aktorik dienen die MFM zur Umsetzung der geforderten Dynamik für das gewünschte Bewegungsverhalten und sorgen so für den kontrollierten Energiefluss im System.

Mechatronische **F**unktions**g**ruppe (**MFG**)
Eine Hierarchieebene über den MFM verfügen die mechatronischen Funktionsgruppen über eigene Sensorik und Informationsverarbeitung, jedoch keine eigene Aktorik und mechanische Tragstrukturen. Die MFG koordinieren zur Funktionserfüllung ein bzw. mehrere unterlagerte MFM mit deren Aktorik. Häufig dienen MFG der Strukturierung der Informationsverarbeitung.

Autonomes **M**echatronisches **S**ystem (**AMS**)
Das mechatronische Gesamtsystem bildet die nächste Hierarchieebene autonome mechatronische Systeme (AMS). Bestehend aus mechanischer Tragstruktur, Sensorik und Informationsverarbeitung verfügt es über Informationen, die das Gesamtsystem betreffen, und erteilt entsprechende Befehle an unterlagerte MFG und MFM. Das AMS verfügt nur über informationstechnische Schnittstellen zu weiteren Systemen.

Vernetztes **M**echatronisches **S**ystem (**VMS**)
Werden mehrere Gesamtsysteme nebeneinander betrieben, z.B. zur kooperierenden Aufgabenerfüllung, so bedarf es einer höheren Instanz zur Koordination. Diese rein informationstechnische Kopplung auf oberster Ebene ist ein vernetztes mechatronisches System (VMS). Es koordiniert die Kommunikation zwischen den AMS und verfügt mittels eigener Sensorik über weitreichendere Informationen als die unterlagerten AMS und kann diese mit der eigenen Informationsverarbeitung und entsprechenden informationstechnischen Schnittstellen koordinieren.

Der mechatronische Entwurf erfolgt funktionsorientiert, da auf jeder Ebene Informationsverarbeitung vorhanden ist und diese den zentralen Systembestandteil zur Funktionserfüllung eines mechatronischen Systems darstellt. Aus der mechatronischen Strukturierung lässt sich eine hierarchische Struktur der Informationsverarbeitung ableiten.

Ergebnis der Modularisierung und Strukturierung ist eine funktional hierarchische Anordnung der Module mit ihren Teilfunktionen mit eindeutig definierten physikalischen und informationstechnischen Schnittstellen in horizontaler und vertikaler Richtung, die eine Basis für die spätere Integration zum Gesamtsystem darstellt. Darauf aufbauend erfolgt der funktionsorientierte, modellbasierte Entwurf bestehend aus Modellbildung, Identifikation und Analyse in einem verifikationsorientierten, durchgängigen Prozess aus MiL, SiL und HiL zunächst der Teilsysteme in den Ebenen und resultierend in einer sukzessiven Integration zum Gesamtsystem.

Bewährt hat sich diese hierarchische Strukturierung beim Entwurf mechatronischer Systeme, da sie zuerst einen entkoppelten Entwurf der Teilsysteme in der Ebene und anschließend eine Integration zum Gesamtsystem zulässt [Liu05].

Die Strukturierung des M-Mobiles zeigt Abbildung 2-1. Diese basiert auf der hergeleiteten Fahrzeugkonfiguration in Unterkapitel 3.3. Auf der untersten Ebene MFM befinden sich die Radmodule mit dem Funktionsmodul Antrieb zum Einstellen der Reifenumfangskräfte, dem Funktionsmodul Lenkung für gezielte Reifenseitenkräfte und dem Funktionsmodul Federung für eine Dämpfung der Radlastschwankungen und eine komfortable Aufbaubewegung. Hierarchisch darüber angeordnet ist die integrierte Fahrdynamikregelung für eine gewünschte kontrollierte Horizontaldynamik, das Energiemanagement zur Steuerung und Überwachung der Energieflüsse und Fahrerassistenzsysteme zur Unterstützung des Fahrers. Das Fahrzeug als mechatronisches Gesamtsystem ist hierarchisch eine Ebene höher angeordnet. Die Traktionsbatterie als Energiespeicher und –versorgungseinheit ist neben den MFM angeordnet. Sie gehört wegen der fehlenden Aktorik nicht zu den MFM, ist aber als Energieversorgung unabdingbar für das Gesamtsystem.

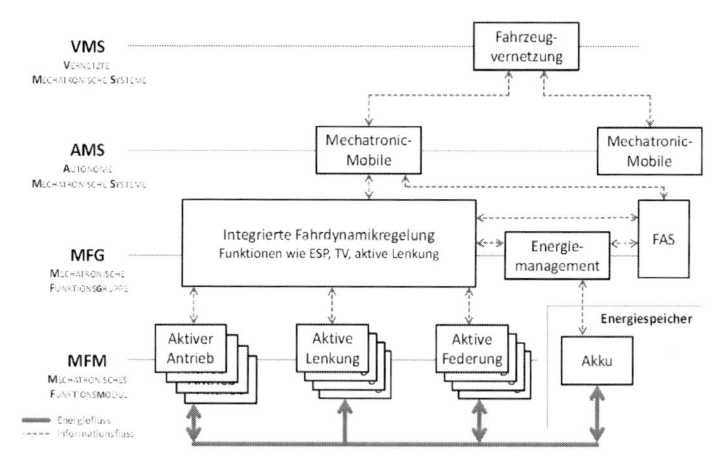

Abbildung 2-1: Modularisierung und Hierarchisierung am M-Mobile

Aus der hierarchischen Strukturierung wird die hierarchisch gegliederte Informationsverarbeitung abgeleitet. Diese stellt die Basis für die Hardware- und Softwarearchitektur des Gesamtsystems dar. Beim M-Mobile werden die Funktionen der radindividuellen Module durch die lokale Informationsverarbeitung gewährleistet und die hierarchisch überlagerten Funktionen für die kontrollierte Fahrzeugbewegung sind der globalen Informationsverarbeitung zuzuordnen.

2.2 Mechatronische Komposition

Nach der hierarchischen Strukturierung mit allen definierten Schnittstellen sowohl in horizontaler Richtung als auch in vertikaler Richtung erfolgt in einem Bottom-Up-Prozess die modellbasierte Auslegung jedes einzelnen Moduls auf allen Hierarchieebenen begonnen mit den MFM auf unterster Ebene. In der mechatronischen Komposition erfolgt der modellbasierte Entwurf mit den Schwerpunkten Modellbildung, Analyse und Synthese iterativ in einem auf dem RCP-basierenden verifikationsorientierten, durchgängigen Prozess von MiL, SiL und HiL. Verifikationsorientiert bedeutet dabei, dass stets die Verifikation der Funktion im Mittelpunkt steht. Mit dem mechatronischen Entwicklungskreislauf erfolgt sukzessiv die Integration bis zum Gesamtsystem (Abbildung 2-2). Begonnen mit der Aufgabenstellung und Spezifikation über die Analyse und Synthese bis hin zum Test und der Optimierung am realen System erfolgt auf diese Weise ein ganzheitlicher und systematischer Entwurf.

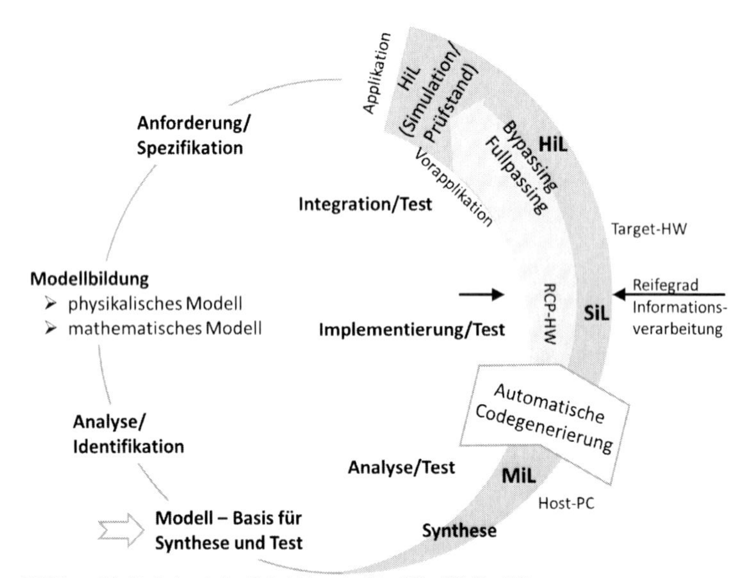

Abbildung 2-2: Mechatronischer Entwicklungskreislauf [Buc313, Buc413]

In der Modellbildung werden ein physikalisches und danach ein mathematisches Modell der Kinematik und Dynamik des Systems entsprechend den Anforderungen erstellt. Mit der ganzheitlichen Betrachtung werden von Beginn an alle Komponenten der beteiligten Domänen berücksichtigt. Die Modellstruktur und die Modellparameter werden an realen Komponenten identifiziert und validiert. Falls zu diesem frühen Entwicklungszeitpunkt noch keine realen Komponenten für die Identifikation existieren, werden die Parameter auf Basis eines Vorgängersystems abgeschätzt bzw. Annahmen getroffen. Das mathematische Modell ist die Grundlage für die Synthese und den Test mittels MiL, SiL und HiL. Nach der Systemanalyse erfolgen die Synthese und der Test mittels MiL. Durch Autocodegenerierung wird der Funktionscode der Regelalgorithmen erzeugt und als SiL am Host-PC getestet. Abschließend werden unter Echtzeitbedingungen die Funktionen am HiL-Prüfstand erprobt und optimiert. Dabei wird das Gesamtsystem sukzessiv realisiert. Der mechatronische Entwicklungskreislauf ist ein iterativer Prozess, der durchgeführt wird bis die Ergebnisse den Anforderungen entsprechen.

Der Reifegrad der Informationsverarbeitung spiegelt sich in der Breite des Pfeils in Abbildung 2-2 wider. Bei der Funktionsentwicklung sind anhand der Möglichkeiten des RCPs Sprünge im mechatronischen Entwicklungskreislauf möglich. Diese werden erforderlich, wenn die Entwicklung der Informationsverarbeitung zügiger voranschreitet als die des restlichen realen Systems bzw. im umgekehrten Fall.

Grundsätzlich wird die Effizienz im Entwurf der Informationsverarbeitung durch die Durchgängigkeit und den Automatisierungsgrad bei der Codegenerierung und dem Test bestimmt [Abe06].

3 Konzeption des M-Mobiles

Dieses Kapitel behandelt die Konzeption des Forschungselektrofahrzeugs M-Mobile entsprechend der im vorherigen Kapitel vorgestellten mechatronischen Entwurfsmethodik.

Zunächst erfolgt eine Darstellung und Diskussion wesentlicher Probleme von einem Einsatz konventioneller aktiver Fahrwerksysteme und existierender Fahrdynamik-regelsysteme in Elektrofahrzeugen. Im Stand der Technik werden aktive Fahrwerksysteme und Ansätze zur integrierten Fahrdynamikregelung erläutert und hinsichtlich einer Anwendung in Elektrofahrzeugen diskutiert. Mit Fokus auf Energieeffizienz werden die aktiven Fahrwerksysteme bewertet. Auf dieser Grundlage und den Anforderungen an das Gesamtfahrzeug erfolgt die Konzeption des M-Mobiles als Schwerpunkt dieses Kapitels. Für die konzipierte Stellgrößenkonfiguration wird in Kapitel 6 eine integrierte Fahrdynamikregelung modellbasiert entworfen, die neben der eigentlichen fahrdynamischen Funktionserfüllung auch gezielt die untersuchten energetischen Erkenntnisse berücksichtigt.

3.1 Problemdarstellung und Stand der Technik

Für verbrennungsmotorisch angetriebene Fahrzeuge existiert eine Vielzahl von aktiven Fahrwerksystemen. Häufig spielen dort die Energieeffizienz und der Energiebedarf gegenüber der Funktionalität eine untergeordnete Rolle und auch die Stellmöglichkeiten des rekuperativen Betriebs können für fahrdynamische Zwecke nicht genutzt werden. Gerade die Betriebsart des generatorischen Betriebs von E-Maschinen und die vielfältigen Gestaltungsmöglichkeiten eines elektrischen Antriebsstrangs, mit der damit verbundenen Massenverteilung im Fahrzeug, eröffnen hinsichtlich einer funktionalen Integration in der Fahrdynamik neue Möglichkeiten. Somit stellen sich in Anbetracht existierender aktiver Fahrwerksysteme folgende Fragen:

- Wie muss ein Elektrofahrzeug mit aktiven Fahrwerksystemen für einen energieeffizienten Betrieb realisiert sein? Welche Antriebsstrangkonfiguration und aktiven Fahrwerksysteme können dabei mit Fokus auf den Energiebedarf eingesetzt werden?
- Wie sind die Wechselwirkungen in der Fahrdynamik und ein energieeffizienter Gesamtbetrieb mit den funktionalen Randbedingungen des elektrischen Antriebsstrangs in der Fahrdynamikregelung zu berücksichtigen?

Eine Antwort auf diese Fragen ist der Schritt zu funktionalen Synergien. Dafür sind sowohl beim Funktionsentwurf als auch bei der gestalterischen Lösung eine ganzheitliche Systembetrachtung und eine systematische Vorgehensweise notwendig. Mit einer Vorgehensweise im mechatronischen Sinn soll die vorliegende Arbeit mit einer Lösung zur Verbindung aktiver Fahrwerksysteme und Elektromobilität zu der Antwort beitragen. Hierzu wird in der Konzeption des Gesamtsystems eine Fahrzeug-konfiguration hergeleitet, die einen energieeffizienten Gesamtbetrieb ermöglicht. Dafür erfolgt auch nach Analyse existierender Ansätze der modellbasierte Entwurf einer neuartigen integrierten Fahrdynamikregelung, die die erweiterten Stellmöglichkeiten in der Elektromobilität berücksichtigt.

Nachfolgend erfolgt eine Darstellung aktiver Fahrwerksysteme und ihres Energiebedarfs. Im Hinblick auf Funktion und Energieeffizienz erfolgt eine Bewertung und mit Fokus auf die Funktionserfüllung werden existierende Ansätze integrierter Fahrdynamikregelungen analysiert.

3.1.1 Übersicht und Energiebedarf aktiver Fahrwerksysteme

Aktive Fahrwerksysteme unterscheiden sich in Systeme zur aktiven Beeinflussung

- der Reifenumfangskräfte,
- der Reifenquerkräfte,
- und der Radlast.

Eine Einteilung mit Beispielen existierender Systeme und dem bewerteten Potential zur Beeinflussung des Giermoments zeigt folgende Abbildung. Dabei sind die Systeme für Reifenumfangskräfte den Kategorien Bremsen und Antriebsstrang zugeordnet. Systeme zur Beeinflussung der Reifenseitenkräfte sind der Lenkung zuzuordnen und für eine aktive Beeinflussung der Radlast dient die Kategorie Radaufhängung.

LENKUNG	RADAUFHÄNGUNG
Überlagerungslenkung (Superposed Steering, SPS) •	Aktiver Stabilisator (Active Anti-Roll Bar, ARC) •
Allradlenkung (Active Rear Steering, ARS) ••	Aktive Radaufhängung (Full Active Suspension, ABC) •
	Aktive Hinterachskinematik (Active Geometry Control Suspension, AGCS) •

BREMSEN	ANTRIEBSSTRANG
Elektronisches Stabilitätsprogramm (Electronic Stability Control, ESP) •••	Aktive Quersperre (Active Limited Slip Differential, aLSD) •
Torque Vectoring durch Bremsen (Torque Vectoring by Braking, TVbB) ••	Torque Vectoring Differenzial (Torque Vectoring Differential, TVD) •

(••• hoch, •• mittel, • niedrig)

Abbildung 3-1: Aktive Fahrwerksysteme zur Giermomentbeeinflussung (Wirksamkeit durch Punkte dargestellt) [Pfe11]

Nach Abbildung 3-1 bieten Bremseingriffe durch das ESP die größte erzielbare querdynamische Wirkung, da Reifenumfangskräfte auch noch in kritischen Fahrsituationen aufgebaut werden können und neben einer Stabilisierung des Fahrzeugs auch eine in diesen Situationen wünschenswerte Reduktion der Geschwindigkeit erfolgt. Eine geringere Wirkung bietet das Torque Vectoring durch Bremsen und eine Hinterradlenkung. Die geringere Wirkung einer Hinterradlenkung kommt dadurch zustande, dass nur eine zusätzliche Reifenseitenkraft zur bereits vorhandenen erzielt werden kann, wohingegen Bremseingriffe stets das volle Reifenkraftpotential nutzen können [Vie08]. Beim Torque Vectoring durch Bremsen wird die Antriebsleistung am Rad durch Bremseingriffe verringert, so dass eine Differenz in der auf die Fahrbahn ausgeübten Antriebsleistung an den Rädern der Antriebsachse mit einem resultierenden Verlagerungsmoment entsteht. Eine noch geringere querdynamische Wirkung weisen Überlagerungslenkungen und Torque Vectoring Differenziale auf.

Nachfolgend werden die einzelnen Fahrwerksysteme hinsichtlich ihres Energiebedarfs und ihrer Wirkung beschrieben.

Systeme zur Beeinflussung der Reifenumfangskräfte

Einen Vergleich gegenwärtiger Torque Vectoring Differentiale zeigt [Zdy11] auf. Dabei unterscheidet er die Grundtypen Torque-Splitter und Überlagerungsdifferential. Ein Torque Splitter verzichtet auf ein Differentialgetriebe und überträgt das Antriebsmoment durch Reibkupplungen individuell auf die beiden Räder der angetriebenen Achse. Den prinzipiellen Aufbau eines Überlagerungsdifferentials zeigt Abbildung 3-2.

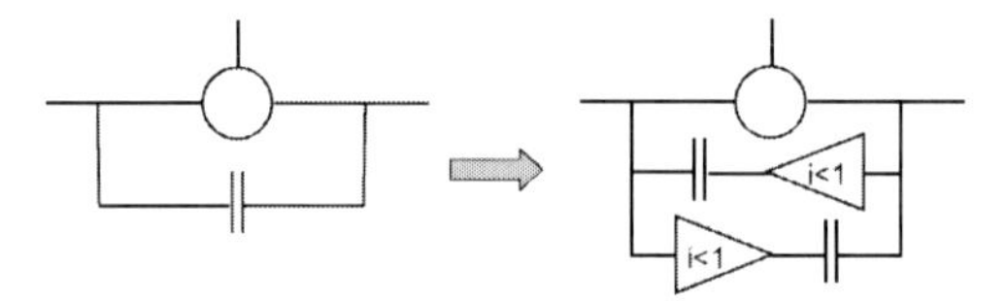

Abbildung 3-2: Prinzipieller Aufbau eines Überlagerungsdifferentials [Mei08]

Ein Überlagerungsdifferential ist ein Differentialgetriebe erweitert um zwei Überlagerungseinheiten. Diese bestehen aus einer Kupplung als Quersperre mit Übersetzungsstufe zur Erhöhung der Eingangsdrehzahl der Kupplung. Durch gegensinnige Anordnung lässt sich unabhängig von den Raddrehzahlen ein Differenzmoment einprägen. Während ein Überlagerungsdifferential unabhängig vom Antriebsmoment ein Differenzmoment erzeugen kann, beschränkt die Abhängigkeit vom Antriebsmoment die Anwendung eines Torque-Splitters.

Aufgrund des geringen Drehzahlfehlers weisen Torque Splitter sehr geringe Verlustleistungen auf, die vergleichbar sind mit Hinterradlenkungen. Bei den Überlagerungsdifferentialgetrieben hingegen besteht ein Zielkonflikt zwischen Grenzradius und Verlustleistung bzw. Systemverfügbarkeit. Der Grenzradius ist der geringste Kurvenradius, bei dem ein eindrehendes Giermoment erzeugt werden soll. Es muss ein Kompromiss zwischen der Möglichkeit, Moment in sehr engen Kurven verlagern zu können und den entstehenden Verlusten, die aufgrund des thermischen Verhaltens der Kupplungen die Systemverfügbarkeit einschränken können, gefunden werden [Mei08]. Die Verlustleistung an den Kupplungen kann dabei je nach Verlagerungsmoment, Fahrgeschwindigkeit und einem üblichen Drehzahlfehler von 20 % [Sac06] durchaus mehrere Kilowatt betragen [Zdy11, Mei08]. Beim Torque Vectoring durch Bremseingriffe entspricht das Verlagerungsmoment dem einseitigen

Bremsmoment. Bei einem üblichen Drehzahlfehler von 20 % [Sac06] ergibt sich bei Geradeausfahrt die zehnfache Verlustleistung gegenüber einem Überlagerungs-differentialgetriebe und bei Kurvenfahrt steigt die Verlustleistung weiter an [Mei08].

Wegen der hohen Verlustleistung von Überlagerungsdifferentialgetrieben wurde für das Elektrofahrzeug MUTE ein energieeffizientes Torque Vectoring Getriebe entworfen. Dabei wird bei einem Zentralantrieb mit einer zusätzlichen E-Maschine die Drehmomentverteilung realisiert (Abbildung 3-3). Dieser Aktor beeinflusst die Differenzdrehzahl zwischen den Rädern der angetriebenen Achse. Die Leistung dieses Aktors fließt dem Antriebsstrang zu und stellt somit keine Verlustleistung dar [Höh11, MUT13]. Aus Sicherheitsgründen wurde diese Lösung einem Torque Vectoring durch radindividuelle E-Antriebe vorgezogen. Bei einem Kurzschluss eines Traktionsmotors im Fehlerfall würde ein großes Giermoment, was zu einem ausbrechenden Fahrzeug führen könnte, erzeugt werden. Jedoch weist für solch einen Fehlerfall bei radindividuellen Antrieben [Grö12] ein Sicherheitskonzept vor, bei dem der Radnabenmotor sechs Stränge aufweist, von denen jeweils drei eine unabhängige Einheit bilden und im Fehlerfall mit der funktionierenden Teileinheit ein Drehmoment zur Kompensation des Fehlermoments erzeugt werden kann.

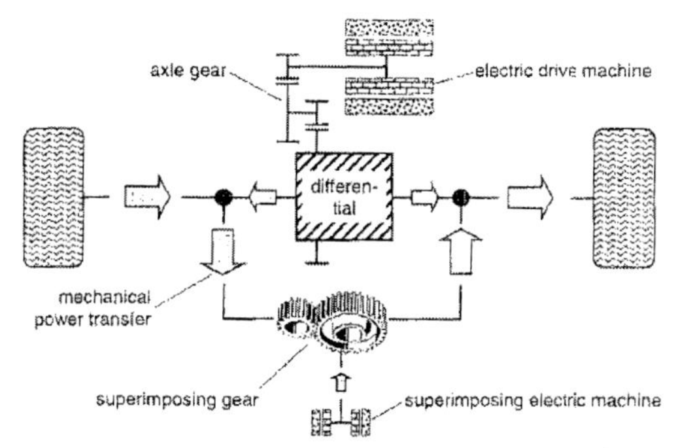

Abbildung 3-3: Funktionsprinzip des aktiven Differentials des Elektrofahrzeugs MUTE [Höh11]

Alternativ lässt sich mit radindividuellen E-Antrieben ebenfalls eine Torque Vectoring Funktion realisieren. Für einen energetischen Vergleich mit konventionellen Torque Vectoring Systemen werden nachfolgend die Wirkungsgradverluste anhand einer einfachen Rechnung abgeschätzt. Dabei wird der energetisch günstige Fall des generatorischen Betriebs eines Traktionsantriebs und des motorischen Betriebs des anderen Antriebs mit folgenden Annahmen und Vereinfachungen betrachtet:

- Leistungsbegrenzung der Antriebsmaschinen wird nicht berücksichtigt
- Ausreichender Kraftschlussbeiwert und Vernachlässigung des Reifenschlupfs zur Vereinfachung
- Geradeausfahrt wird angenommen bzw. Drehzahlunterschiede an einer Achse bei Kurvenfahrt werden vernachlässigt
- Spurwinkel am Rad werden vernachlässigt
- Spurweite des Fahrzeugs wird mit $s = 1{,}6$ m angenommen

- Eine Achse wird angetrieben
- Keine Auswirkung auf die Längsdynamik, d.h. die Summe der Reifenumfangskräfte ist Null, um nur die querdynamische Wirkung zu betrachten
- Gleicher Wirkungsgrad für generatorischen und motorischen Betrieb wird vereinfacht angenommen

Ein ungünstigerer Wirkungsgrad beim generatorischen Betrieb, der maßgeblich durch den Betrieb als Hochsetzsteller zustande kommt, wird bei der vereinfachten Abschätzung vernachlässigt, da dieser erst bei hohen elektrischen Strömen und/ oder geringer Gegeninduktion, die bei kleinen Drehzahlen auftritt, signifikant in Erscheinung tritt. Diese Betriebsfälle werden bei der Abschätzung der Wirkungsgradverluste nicht näher betrachtet, so dass die vereinfachte Annahme gleichen Wirkungsgrads für Antrieb und Rekuperation hingenommen wird. Ebenso werden die geringen Wirkungsgradänderungen bei Richtungswechsel des Energieflusses im Akku und bedingt durch den Flankenwechsel bei denkbaren Getrieben und beim Reifen vernachlässigt.

Grundlage für die Abschätzung sind die Koordinatensysteme nach Abbildung 4-2.

Mit angetriebenen Hinterrädern und den Reifenumfangskräften $F_{x,HL}$, $F_{x,HR}$ ergibt sich das Giermoment zu:

$$M_z = \left(F_{x,HR} - F_{x,HL}\right) \cdot \frac{s}{2} \tag{3.1}$$

Bei generatorischem Betrieb am Rad hinten links lautet die Antriebsleistung:

$$P_{HL} = F_{x,HL} \cdot v_x = P_{elekt,HL} \cdot \frac{1}{\eta} \tag{3.2}$$

Wobei bei einer generierten Leistung ein negatives Vorzeichen aus der Definition des Vorzeichens der Kraftrichtung resultiert.

Für den motorischen Betrieb am Rad hinten rechts gilt:

$$P_{HR} = F_{x,HR} \cdot v_x = P_{elekt,HR} \cdot \eta \tag{3.3}$$

Betrachtet man die Gesamtbilanz der elektrischen Leistungen

$$P_{elekt,ges} = \sum P_{elekt} = P_{elekt,HR} + P_{elekt,HL} = \left(\frac{F_{x,HR}}{\eta} + F_{x,HL} \cdot \eta\right) \cdot v_x \tag{3.4}$$

so ergibt sich bei gleichgroßen, gegensinnig gerichteten Reifenumfangskräften die notwendige elektrische Leistung zur Kompensation der Wirkungsgradverluste bei der Umsetzung des Giermoments

$$P_{elekt,ges} = \frac{M_z \cdot v_x}{s} \cdot \left(\frac{1}{\eta} - \eta\right) \tag{3.5}$$

Zur Verdeutlichung des Einflusses wird die Klammer als Faktor zur Berücksichtigung der Wirkungsgradverluste einzeln betrachtet. Für einen Definitionsbereich des Wirkungsgrades von $\eta = [0,5;\ 1]$ illustriert Abbildung 3-4 diesen Faktor. Ausgehend von einem Gesamtwirkungsgrad von $\eta = 0{,}7$ stellt die linke Ordinatenachse den auf diesen Wert normierten Faktor dar. Der normierte Faktor dient zur Bestimmung des Leistungsbedarfs für andere Wirkungsgrade. Deutlich tritt bei geringen Wirkungsgraden der hyperbolische Charakter in den Vordergrund, der einen überproportionalen Anstieg der Verluste mit Abnahme des Wirkungsgrads aufzeigt. Beispielsweise betragen die Verluste bei einem Gesamtwirkungsgrad von $\eta = 0{,}5$ mehr als das Doppelte gegenüber dem angenommenen Wirkungsgrad von $\eta = 0{,}7$.

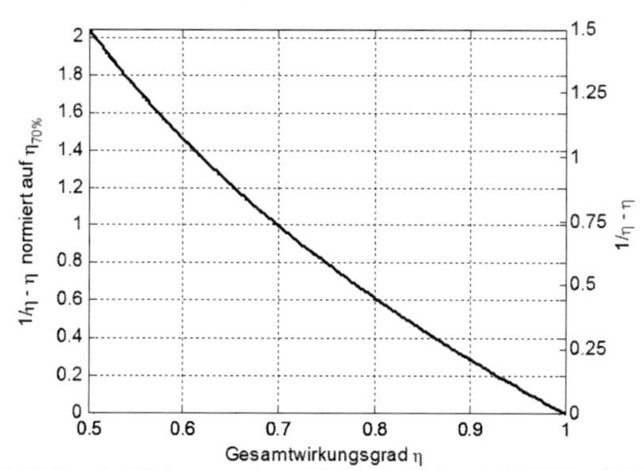

Abbildung 3-4: Einfluss des Wirkungsgrades auf die Verlustleistung beim TV durch E-Maschinen

Exemplarisch wird für den angenommenen Wirkungsgrad von $\eta = 0{,}7$ der notwendige elektrische Leistungsbedarf zur Kompensation der Wirkungsgradverluste für ein geringes Giermoment von $M_z = 100$ Nm bei einer Fahrgeschwindigkeit von $v_x = 100$ km/h zu $P_{elekt,ges} = 1265$ W bestimmt. Mit diesem Anhaltswert und der normierten Kennlinie in Abbildung 3-4 lässt sich die zu kompensierende Verlustleistung für verschiedene Giermomente, Fahrgeschwindigkeiten und Wirkungsgrade auf einfache Weise abschätzen. Bereits bei diesem geringen Giermoment fällt auf, dass die notwendige elektrische Leistung im Kilowattbereich liegt.

Bei einem Vergleich mit konventionellen Torque Vectoring Getrieben kommen die Verlustleistungen der Kupplungen und falls vorhanden der Überlagerungseinheiten und Differentialgetriebe hinzu, die vom Traktionsantrieb mit seinem Wirkungsgrad kompensiert werden müssen.

Systeme zur Beeinflussung der Reifenseitenkräfte

Bei den Systemen zur Beeinflussung von Reifenseitenkräften werden im Wesentlichen Hinterradlenkungen und Überlagerungslenkungen unterschieden. Überlagerungslenkungen können dem Lenkradwinkel des Fahrers einen zusätzlichen Lenkwinkel überlagern, so dass eine variable Lenkübersetzung entsteht. Im Gegensatz zu Hinterradlenksystemen beeinflussen aktive Lenksysteme an der Vorderachse das Fahrzeugübertragungsverhalten nicht und beschränken sich auf fahrdynamische Eingriffe, die ein geübter Fahrer auch vornehmen kann [Bei00].

Beim Energiebedarf untersuchte [Dum89] für elektrohydraulische und elektromechanische Hinterradlenkungen die Primärleistung, die direkt den Kraftstoffverbrauch beeinflusst. Das elektromechanische System weist einen mittleren Primärleistungsbedarf von 60 W auf und das elektrohydraulische System etwa 300 W auf. Laut [Bis89] wird für das Motormaximalmoment einer Hinterradlenkung, das aus thermischen Gründen nur kurzzeitig anliegen darf, ein Spitzenstrom von 80 A aus dem konventionellen 13,8 V-Bordnetz benötigt. Dies entspricht einer elektrischen Leistung von 1104 W. Bei einem gegenwärtigen Sportwagen nennt [Lun13] eine erforderliche maximale mechanische Leistung von 150 W für aktive Spurstangen an der Hinterachse und einen durchschnittlichen elektrischen Leistungsbedarf von 200 W. Die angegebenen durchschnittlichen Werte beziehen sich für fahrdynamische Eingriffe mit einer aktiven Spurverstellung an der Hinterachse. Beim Lenken im Stand treten jedoch wegen des Bohrmoments die größten Belastungen auf. Hierzu liefert [Heg13] einen mittleren Leistungsbedarf einer EPS-Lenkung von 550 W beim Parkieren. Diese Leistungsangabe kann mit einer aktiven Spurverstellung nur bedingt verglichen werden, da trotz einer starken Lenkunterstützung beim Parkieren auch noch ein Lenkmoment vom Fahrer aufgebracht wird. Bei der EPS-Lenkung können kurzzeitig Spitzenströme von 110 A auftreten, was einer elektrischen Leistung von etwa 1500 W im 13,8 V-Bordnetz entspricht [Heg13]. Im gewöhnlichen Fahrbetrieb erfolgt nahezu keine Lenkunterstützung und die mittlere Leistungsaufnahme liegt bei 10 W. Aufgrund der geringen querdynamischen Wirkung von Überlagerungslenkungen wird der Leistungsbedarf für diese nicht separat betrachtet. Jedoch wird ein ähnlicher Leistungsbedarf wie bei Hinterradlenkungen bzw. EPS-Lenkungen vermutet.

Systeme zur Beeinflussung der Radlasten

Ein System mit geringem Potential zur Beeinflussung des Giermoments (Abbildung 3-1) ist eine aktive Aufbaufederung, die über einen Einfluss auf die Radlasten auch die Reifenquerkräfte unter der Wirkung von Schräglaufwinkeln und damit die Fahrzeugquerdynamik beeinflussen kann. Gezielt kann dieses System auch zur Funktionsintegration verwendet werden, was [Amm10, Kep10] mit einer Verspannungslenkung zur Seitenwindkompensation aufzeigt. Dabei werden im ABC-Fahrwerk diagonal unterschiedliche Radlasten aufgeprägt, die in Verbindung mit der Vorspur zu einem störungskompensierenden Giermoment führen. Bei entsprechend hoher Bandbreite der Regelung lassen sich mit diesen Systemen die Radlastschwankungen reduzieren und damit die Fahrsicherheit erhöhen [Hei11].

Des Weiteren lassen sich die Radlasten mit einem aktiven Stabilisator beeinflussen, womit aufgrund des degressiven Radlasteinflusses auf die Reifenkräfte insbesondere das Eigenlenkverhalten beeinflusst werden kann. Mit Systemen für einen aktiven Sturz lassen sich gezielt die Reifenquerkräfte in einem gewissen Rahmen beeinflussen. Jedoch ist die Verwendung eines ähnlichen Aktors zur Beeinflussung des Spurwinkels in Kombination mit einer Mehrlenkerachse fahrdynamisch deutlich überlegen [Alt11].

Bei den aktiven Federungssystemen existiert das Active Body Control (ABC) zur Verbesserung des Hub-, Wank-, und Nickverhaltens des Fahrzeugaufbaus. Beide Generationen, sowohl die hydraulische als auch die nachfolgende elektromechanische (eABC), gehören zu den langsam-aktiven Systemen, die mit einer Bandbreite von bis zu

5 Hz lediglich den Fahrzeugaufbau in seinem Eigenfrequenzbereich von 1 bis 2 Hz aktiv beeinflussen. Der elektrische Energiebedarf beträgt bei der zweiten Generation eABC im Mittel bei Schlechtwegstrecken etwa 500 W und auf der Autobahn etwa 35 W [Hei11]. Gegenüber der ersten Generation wurde dieser halbiert [Hei11]. Eine Möglichkeit zur weiteren Senkung des Energiebedarfs bei gleichen Komfortanforderungen bietet die Vorausschau des Fahrbahnprofils (ABC-Prescan) [Amm10, Str08]. Bei den vollaktiven Systemen existieren das Bose-Suspension-System, welches über elektrische Linearmotoren an jedem Rad sämtliche Fahrbahnunebenheiten aktiv kompensieren kann, und das ASCA (Active Suspension via Control Arm)-System. Dieses nutzt einen hydraulischen Schwenkmotor im Querlenker, der über eine verstellbare Flügelzellenpumpe versorgt wird. Damit ist eine aktive Beeinflussung der Radbewegung bis zu 30 Hz und des Fahrzeugaufbaus bis zu 5 Hz möglich. Die geringen internen Leistungsverluste und die Parallelschaltung der Aufbaufeder reduzieren den Energiebedarf auf 1,2 kW je Rad [Ers06]. Durch den generatorischen Betrieb beim Bose-System, beträgt bei diesem der Energiebedarf durchschnittlich etwa 1 kW [Hei11]. Systeme, die keinen aktiven Energieeintrag leisten, sind verstellbare Dämpfer. [Wil13] beschreibt ein elektromechanisches System, das aus einem zweistufigen Planetengetriebe und Elektromotor besteht und im Querlenker integriert wird. Mit der Möglichkeit der Energierückgewinnung durch generatorischen Betrieb und einer variablen Dämpfung soll damit der konventionelle Aufbaudämpfer ersetzt werden. Prinzipiell kann damit auch ein aktives System realisiert werden, was jedoch derzeit aus Kostengründen zur funktionalen Sicherheit nicht vorgesehen ist [Wil13]. Das Potential zur Energierückgewinnung aus der Dämpfung der Aufbaubewegung schätzt [Wil12] mit durchschnittlich 67 W auf der Autobahn bei 140 km/h bis durchschnittlich 234 W auf Landstraßen bei 70 km /h ab.

Bei aktiven Stabilisatoren, wie in [Schä12] beispielsweise die Koppelstangen durch Hydraulikzylinder ersetzt werden, lässt sich die Radlastdifferenz in Querrichtung beeinflussen. Dadurch kann das Eigenlenk-, das Einlenk- und das Lastwechselverhalten aktiv beeinflusst werden. Diese Funktionen lassen sich durch eine aktive Federung ebenfalls erzielen bzw. bei Einsparung dieser lässt sich insbesondere bei Fahrzeugen mit hohem Aufbauschwerpunkt ein kritisches Wankverhalten stabilisieren. Neuartige elektromechanische Systeme mit Harmonic Drive Getrieben, welche eine Untersetzung von bis zu 200 mit einer Getriebestufe ermöglichen, weisen einen sehr geringen Energiebedarf von durchschnittlich 8,8 W und max. 20 W pro Achse gegenüber 190 W bei hydraulischen Systemen auf [Bum10].

3.1.2 Antriebsstrangkonfigurationen für batterielektrische Fahrzeuge

Die Antriebsstrangkonfigurationen werden betrachtet, da diese sich in ihrer Energieeffizienz unterscheiden und aufgrund der Verkopplung in der Horizontaldynamik auch zur Querdynamik beitragen können. Aufgrund der hohen spezifischen Leistungsdichte elektrischer Maschinen existieren vielfältige Gestaltungsmöglichkeiten und damit zahlreiche Topologien für den Antriebsstrang. Die Wahl der Antriebsstrangtopologie ist für einen energieeffizienten Betrieb entscheidend, da der Hauptenergiebedarf für die Fahrleistungen und Fahrwiderstände benötigt wird und der Antriebsstrang wesentlich im Zielkonflikt zueinander stehende Größen wie

Fahrzeuggewicht, resultierende Fahrleistungen und Reichweite bestimmt. Die Vielfalt denkbarer Antriebsstrangtopologien zeigt Abbildung 3-5 auf. Es wird dabei zwischen zentralen/ dezentralen Antrieben mit/ ohne Übersetzung, der Anzahl der Getriebestufen und Getriebegänge und der angetriebenen Achsen unterschieden.

Vorderachse / Hinterachse	Zentralmotor, Schaltgetriebe und Differenzial	Achsantrieb mit Differenzial	Getriebe-übersetzter Einzelrad-antrieb	Einzelrad-Direktantrieb, Radnaben-motoren	Ohne mechanische Kopplung	Achs-Differenzial
	Zwei Schalt-getriebe unüblich	Boost, Längs-verteilung	Boost, Längs-verteilung, (Querver-teilung)	Boost, Längs-verteilung, (Querver-teilung)	Heckantrieb konventionell	Allrad konventionell
	Boost, Längs-verteilung	Längs-verteilung	Längs- und Quer-verteilung vorne	Längs- und Quer-verteilung vorne	Heckantrieb	**Nicht kombinierbar**
	Boost, Längs- und Quer-verteilung	Längs- und Quer-verteilung hinten	Längs- und Quer-verteilung	Längs- und Quer-verteilung	Leistungs-verzweigter Heckantrieb	**Nicht kombinierbar**
	Boost, Längs- und Quer-verteilung	Längs- und Quer-verteilung hinten	Längs- und Quer-verteilung	Längs- und Quer-verteilung	Leistungs-verzweigter Heckantrieb	**Nicht kombinierbar**
	Frontantrieb konventionell	Frontantrieb	Leistungs-verzweigter Frontantrieb	Leistungs-verzweigter Frontantrieb	**Keine Antriebs-einheit**	**Keine Antriebs-einheit**
	Allrad konventionell	**Nicht kombinierbar**	**Nicht kombinierbar**	**Nicht kombinierbar**	**Keine Antriebs-einheit**	**Keine Antriebs-einheit**

Abbildung 3-5: Bewertungsmatrix möglicher Antriebsstrang-Topologien für reine Elektroantriebe [Kas12]

In der Simulation untersuchte [Kas12] die Potentiale der Wirkungsgradsteigerung vom Energiespeicher zum Rad (tank to wheel) bei batterieelektrischen Fahrzeugen. Ausgehend von folgenden Antriebssträngen mit einer angetriebenen Achse:

- Zentralantrieb mit Schalt- und Differentialgetriebe
- Einzelradantrieb mit fester Übersetzung in einer Getriebestufe
- Raddirektantrieb

wurde im NEFZ für ein Mittelklassefahrzeug ein Einsparpotential im Energiebedarf von 32% ermittelt durch die Wahl eines geeigneten Antriebsstrangs. Dabei wurden ein konstantes Fahrzeuggewicht und die vollständige Rekuperation der gespeicherten kinetischen Energie angenommen. Den geringsten Energiebedarf wiesen die Raddirektantriebe auf. Verluste bei den anderen Antriebssträngen resultieren aus einer mehrstufigen Übersetzung mit entsprechenden Teilwirkungsgraden und teilweise ungünstigen lastpunktabhängigen Wirkungsgraden in gegenwärtigen Fünf- und Sechsgang-Schaltgetrieben. Durch Reduzierung der Anzahl an Übersetzungen weisen diese jedoch ein Optimierungspotential auf [Knö11]. Als Ergebnis von [Kas12] ist eine Verringerung der mechanischen Antriebsstrangkomponenten (Getriebestufen, Getriebe) für einen hohen Gesamtwirkungsgrad anzustreben. Dadurch steige auch das Rekuperationspotential deutlich, da beim Rekuperieren die zurückgewonnene Energie die Energiewandlungskette zweimal durchläuft.

Zu den Vorteilen von Raddirektantrieben (radnah mit Antriebswellen oder Radnabenantrieb in der Felge) wird aufgeführt, dass eine aktive Verteilung der Antriebsleistung mittels moderner Leistungselektronik schneller, gezielter und effizienter ist als gegenwärtige Fahrdynamikregelsysteme wie ABS, ASR oder ESP [Rei10]. Gegenüber einem Antriebsstrang mit Zentralmotor können so das für die Fahrdynamikregelung notwendige Steuergerät und die mechatronischen Komponenten vereinfacht oder ersetzt werden [Rei10]. Eine Realisierung der Funktionalität durch die Motorsteuerung wäre denkbar [Pau10]. Mit einem Radnabenantrieb besteht der größte Bauraum im Fahrzeug, jedoch existieren hohe Herausforderungen an Stabilität, Zuverlässigkeit und Sicherheit. Temperaturbeständigkeit, Dauerfestigkeit, Dichtheit sowie technische und funktionale Sicherheit spielen eine große Rolle [Pau10]. Ebenso erhöhen Radnabenantriebe die ungefederten Massen mit der Möglichkeit negativer Auswirkungen auf das Fahrverhalten und den Fahrkomfort, die eine Modifikation der Federung und Dämpfung erfordern. Dennoch zeigen neue Entwicklungen eine Machbarkeit von Leistungsgewichten von 2 kW/kg bei Radnabendirektantrieben [Bor12], wo ein Antrieb mit einer Nennleistung von 40 kW ein Gewicht von 20 kg hat. Im Wirkungsgrad, notwendigen Bauvolumen, im Gewicht und den Möglichkeiten für die Fahrdynamikregelung sind trotz dieser Herausforderungen Radnabenantriebe den Zentralantrieben überlegen [Pau10].

Neben Ansätzen, die Direktantriebe favorisieren, existieren auch dem widersprechende Lösungsansätze. [Knö11, Knö10, Pol09] betonen, dass Getriebe mit zwei Gängen die Energieeffizienz, Kosten, Package und Gewicht des elektrischen Antriebs günstig beeinflussen. [Knö10, Pol09] zeigen in der Simulation auf, dass sowohl in genormten Fahrzyklen als auch im Praxisbetrieb signifikante Effizienzverbesserungen durch einen überwiegend günstigeren Gesamtwirkungsgrad erzielt werden. Zudem wird der Antriebsstrang höchstgeschwindigkeitsfähig und liefert auch brauchbare Anfahrmomente. Verglichen mit einer Konstantübersetzung genüge eine kleinere E-Maschine, was sich auf Kosten und Package günstig auswirke. Mit einer Mehrgrößenoptimierung untersucht [Pal13] einen Direktantrieb gegenüber einem Getriebeantrieb mit 1 bzw. 2 Gängen für ein elektrisches Stadtfahrzeug mit Anforderungen an die Höchstgeschwindigkeit, Maximalgeschwindigkeit bei Steigungen und das Beschleunigungsvermögen. Das Getriebe mit zwei Gängen wird dabei wegen des geringsten Energiebedarfs und dem besten Beschleunigungsvermögen favorisiert.

Im Allgemeinen sind trotz Wirkungsgradverlusten die Vorteile der Momentenvervielfachung nicht pauschal abzulehnen. Die für eine hohe Steigfähigkeit und Beschleunigungsvermögen in der Fahrleistung angestrebte Umsetzung der idealen Zugkrafthyperbel, womit bei jeder erreichbaren Fahrgeschwindigkeit die volle Antriebsleistung als Fahrleistung bereitgestellt wird, lässt sich häufig nur durch eine Änderung der Untersetzung erreichen. Unabhängig von der Antriebsstrangkonfiguration muss je nach Anwendungszweck des Fahrzeugs und damit des längsdynamischen Anforderungsprofils der Gesamtwirkungsgrad des Antriebsstrangs in den häufigsten Fahrsituationen in einem günstigen Bereich liegen, um einen energieeffizienten

Gesamtbetrieb sicherzustellen. Bei Wirkungsgraduntersuchungen sind die Verluste eines Getriebes mit Vorsicht zu betrachten, da diese stark von der Ölviskosität und damit von der sich im Betrieb einstellenden Öltemperatur abhängen. Insbesondere häufiger Kurzstreckenverkehr mit vielen Kaltstarts führt zu deutlich höheren Verlusten als ein Betrieb bei Betriebstemperatur. Eine Nachbildung realistischer Reibverhältnisse erfordert daher eine hinreichende Abbildung des thermischen Verhaltens des Getriebes.

Eine Methodik zur Bestimmung der optimalen Antriebsstrangkonfiguration wird in [Egh12] für ein dem Anwendungszweck bestimmtes Elektrofahrzeug vorgestellt. Dabei werden objektive Parameter verwendet, um durch Variation der Systemparameter in definierten Wertebereichen wie Anzahl Getriebestufen, Ganganzahl, Masse und Bauraum, Drehzahl- und Momentencharakteristik der E-Maschine und Batteriekapazität die beste Lösung mittels eines Optimierungsansatzes zu ermitteln. Zu den objektiven Parametern zählen die Reichweite, Energiebedarf, Fahrleistung und Kosten, die gemäß dem Einsatzgebiet des Fahrzeugs gewichtet werden. Die Erfüllung dieser Kriterien wird für alle Antriebsstrangkonfigurationen mit Simulationsmodellen zur Bestimmung des Energiebedarfs in einem automatisierten Algorithmus unter Berücksichtigung eines repräsentativen Fahrverhaltens berechnet. Die herangezogenen Fahrzyklen basieren auf experimentell gewonnenen Daten aus Fahrten mit Fahrzeugen mit verbrennungsmotorischen bzw. elektrischen Antriebsstrang. Anhand umfangreicher Messungen wurde eine Charakteristik festgestellt, wonach das Fahrverhalten bei Fahrzeugen mit gleichem Masse-Leistungs-Verhältnis unabhängig von der Antriebsstrangkonfiguration [Egh11] identisch ist. Auf dieser Basis wird statistisch das Fahrverhalten für unterschiedliche Antriebsstrangkonfigurationen bestimmt [Fug06, Kas09, Küc90], welches für das repräsentative Fahrverhalten in der simulatorischen Energiebedarfsermittlung verwendet wird. Exemplarisch wird als optimale Antriebsstrangkonfiguration für einen Kleinwagen als Stadtfahrzeug ein zentraler Frontantrieb mit PMSM und 3-Gang-Schaltgetriebe ermittelt [Egh12]. Vorteilhaft an diesem Vorgehen sind die Berücksichtigung des aus dem repräsentativen Fahrverhalten resultierenden Lastkollektivs (Häufigkeit der einzelnen Betriebspunkte) mit den entsprechenden Gesamtwirkungsgraden, die gemäß des Fahrzeugeinsatzzwecks gewichteten objektiven Kriterien und die Berücksichtigung der Systemkosten der Antriebsstrangkomponenten.

3.1.3 Massenverteilung im Gesamtfahrzeug

Die Gewichtsverteilung des Batteriepackages eröffnet einen neuen Freiheitsgrad der Massenverteilung im Fahrzeug, da der Energiespeicher nach den Insassen die zweitgrößte Bauraum-Komponente darstellt. Dieser Freiheitsgrad ist sorgsam zu gestalten, da große Zielkonflikte bei Kosten, Fahrleistung und Reichweite existieren. Aus fahrdynamischer Sicht ist eine ausgeglichene Massenverteilung in un- und beladenem Zustand anzustreben in Verbindung mit einem tiefen Schwerpunkt.

Diesen neuen Freiheitsgrad bei der Konzeption des Gesamtfahrzeugs untersuchte [Kuc11]. Mit einem Optimierungsansatz betrachtet er die Wechselwirkungen zwischen Batterie, Fahrzeugkonzept und Fahrzeugeigenschaften, die konstruktiv zur Einstellung der gewünschten Fahrzeugeigenschaften beeinflusst werden können, in der Simulation.

Dabei nutzt [Kuc11] evolutionäre Algorithmen für eine Gesamtfahrzeug-Architekturoptimierung unter Berücksichtigung der Insassenpositionierung, des Batteriemodulpackages und der Fahrzeugeigenschaften. Als Resultat werden unter Berücksichtigung der definierten Randbedingungen Pareto-Fronten von im Zielkonflikt zueinander stehender Größen, z.B. Reichweite und Energieverbrauch, erstellt.

3.1.4 Bewertung der Funktion und Energieeffizienz der Teilsysteme

Aus der Übersicht zum Stand der Technik nach aktiven Fahrwerksystemen für eine aktive Fahrdynamik in der Elektromobilität bei einem energieeffizienten Gesamtbetrieb sind zahlreiche Lösungsmöglichkeiten für eine Gesamtfahrzeugkonfiguration entstanden. Zur systematischen Herleitung des Gesamtkonzepts für das M-Mobile sind diese Lösungsmöglichkeiten zu diskutieren und bewerten.

Antriebsstrang

Aus der Recherche aktueller Forschungsaktivitäten kann für die Wahl des Antriebsstrangs abgeleitet werden, dass entsprechend des Lastkollektivs der resultierende Gesamtwirkungsgrad bei der Wahl der Antriebskonfiguration entscheidend ist. Jedoch sind im Antriebsstrang mehrstufige Übersetzungen zu vermeiden, so dass entsprechend der Ergebnisse der Forschungsaktivitäten die Wahl auf einen Direktantrieb oder eine Kombination aus 2- oder 3-Ganggetriebe mit E-Maschine fällt. Alternativ zum Getriebe mit Gängen wäre auch ein CVT-Getriebe mit gleicher Getriebespreizung bei ähnlichem Wirkungsgrad, Bauraum und Gewicht. In jüngster Vergangenheit verzeichnen CVT-Getriebe deutliche Wirkungsgradverbesserungen [Wag12].

Der Aufbau eines Schaltgetriebes würde bei einem elektrischen Antriebsstrang deutlich einfacher ausfallen als bei einem Antriebsstrang mit Verbrennungsmotor. Die Anfahrfähigkeit elektrischer Antriebe mit hohen Momenten aus dem Stand heraus erfordert keine Trennkupplung im Antriebsstrang bzw. keine hohe Untersetzung zum thermischen Schutz der Reibkupplung. Diese Möglichkeit verändert das Schaltverhalten grundlegend. Jederzeit kann ein Gang eingelegt sein, so dass beispielsweise bei einem 2-Ganggetriebe der höher untersetzte Gang dauerhaft im Stadtverkehr eingelegt bleibt und erst im Überlandverkehr bei höheren Geschwindigkeiten der weniger untersetzte Gang genutzt wird. Es lässt sich auch mit diesem Gang im Stadtverkehr fahren, allerdings bei geringerem Beschleunigungsvermögen. Eine weitere Vereinfachung des Getriebeaufbaus ist die Möglichkeit zum Verzicht auf eine komplexe Synchronisier-einrichtung bedingt durch eine Drehzahlanpassung des Antriebs [Hir13]. Unter diesen Voraussetzungen vereinfacht sich auch der Aufbau eines automatisierten Schaltgetriebes.

Grundsätzlich ist bei einer ganzheitlichen Betrachtung des Antriebsstrangs neben geringen energetischen Verlusten für die Längsdynamik auch die Fähigkeit zur Beeinflussung der Querdynamik und dem entsprechenden energetischen Aufwand zu berücksichtigen. Weiterhin genügt aus Gründen der Wirtschaftlichkeit der Antrieb einer Achse. Häufig ist damit auch ein geringeres Fahrzeuggewicht und entsprechend ein geringerer Energiebedarf verbunden. Vorteilhaft bei einzelnen Radantrieben ist die uneingeschränkte Erfüllung der Torque Vectoring Funktion, die in Kombination mit dem generatorischen Betrieb eines Antriebs energetisch effizient ist. Wegen der Herausforderungen bei Radnabenantrieben im Bereich ungefederter Massen, zuverlässige Dichtheit und Kühlung des Antriebs ist eine radnahe Anordung unter Verlust von Bauraum im Fahrzeug auch denkbar. Für ein hohes Beschleunigungsvermögen bzw. eine hohe Steigfähigkeit ist die Erfüllung der idealen Zugkrafthyperbel über einen großen Geschwindigkeitsbereich durch die Kennlinie des Antriebsstrangs anzustreben.

Aktive Lenksysteme

Entsprechend der hohen querdynamischen Wirkung und des geringen Energiebedarfs sind Hinterradlenkungen zur aktiven Beeinflussung der Querdynamik zu favorisieren. Auch wegen nur geringer Auswirkungen auf den Bauraum und das Mehrgewicht, welches [Lun13] mit unter 7 kg angibt. Weiterhin vorteilhaft sind die geringen Auswirkungen auf die Längsdynamik des Fahrzeugs. Verglichen mit einer Antriebsmomentenverteilung sind Hinterradlenkungen bereits wegen ihres größeren Hebelarms für das Giermoment energetisch günstiger. Ebenso macht sich die Unabhängigkeit der Fahrgeschwindigkeit im Leistungsbedarf gegenüber Torque Vectoring Funktionen sehr deutlich bemerkbar. In Verbindung mit einem selbsthemmenden Getriebe braucht nur Energie zum Verstellen aufgebracht werden. Bei der Ausführung besteht die Möglichkeit einer radindividuellen oder achsweisen Lenkung. Eine achsweise Ausführung scheint durch die Einsparung von Aktorik und aus Gründen der Redundanz sowohl im Gewicht als auch im Energiebedarf günstiger zu sein. Jedoch ermöglicht diese keine aktive Beeinflussung der Vorspur. Ein Ausweichen auf radindividuelle aktive Spurstangen begründet [Lun13] durch Bauraumprobleme.

Für die Vorderachse sind energetisch betrachtet gewöhnliche Überlagerungslenkungen günstig. Allerdings bietet eine radindividuelle Einstellung der Spurwinkel der Räder einer Achse auch die Möglichkeit einer aktiven Vorspur zur Fahrwiderstandsreduzierung und Bremswegverkürzung [Buc12, Rein10]. Die Vorteile der radindividuellen Spurverstellung listet auch [Fei10] auf. Nach einer theoretischen Untersuchung von Potentialen der verschiedenen mechatronisch beeinflussbaren Parameter einer Achsgeometrie sieht er das größte Potential für die Bereiche Fahrkomfort, Fahrsicherheit, Fahrdynamik, Wirtschaftlichkeit und Individualisierbarkeit des Fahrverhaltens in der radinidividuellen, mechatronischen Verstellbarkeit von Spur- und Sturzwinkel.

Bei den Torque Vectoring Systemen ist das Torque Vectoring durch Bremsen aus energetischer Sicht abzulehnen, da für ein Verlagerungsmoment Antriebsleistung durch die Reibbremse dissipiert. Grundsätzlich sollten diese Eingriffe auf Ausnahmesituationen, wie z.B. Anfahren mit einem Antriebsrad bei sehr geringer Haftung, reduziert werden. Alternativ zur Hinterradlenkung, wobei mit geringerer Wirkung für die Querdynamik, ist das Torque Vectoring durch zwei E-Antriebe energetisch günstig. Mit einer Kombination aus generatorischem Betrieb des einen Antriebs und motorischem Betrieb des anderen Antriebs sind hierbei durch die Traktionsbatterie nur die Wirkungsgradverluste zu kompensieren. Die geringen

Trägheiten bei Radnabenantrieben oder radnaher Anordnung führen zu einer hohen Dynamik beim Reifenkraftaufbau. Allerdings sind für dieses System zwei Antriebe notwendig und bei gegensinnigen Reifenumfangskräften reduziert sich das Potential für die Längsdynamik im schlimmsten Fall zu Null. Der systemtechnisch entstandene Zielkonflikt zwischen Längs- und Querdynamik lässt im kombinierten Betrieb nur höchstens 50 % der Leistungsfähigkeit zu. Dieser Fall tritt auf, wenn ein Antrieb an der Leistungsgrenze betrieben wird und der andere deaktiv ist. Für die reine Längs- oder Querdynamik hingegen können beide Antriebe an ihrer Leistungsgrenze als Grenzfall betrieben werden. Eine Einschränkung auf die gleiche Wirkrichtung der Reifenumfangskräfte in Kombination mit einer aktiven Spurverstellung entschärft diesen Zielkonflikt und sichert ein gleichbleibendes Beschleunigungsvermögen, was auch zu einer nahezu gleichermaßen Belastung der Traktionsantriebe führt. Dies resultiert auch in einem gleichmäßigen thermischen Verhalten und wirkt sich günstig auf potentielle Systembeschränkungen aus.

Als Alternative zu zwei Antrieben kann eine Querverteilung auch mit einem Antrieb und einem Torque Splitter energetisch günstig realisiert werden. Der eingeschränkte Anwendungsbereich eines Torque Splitters erweitert sich durch die Richtungsunabhängigkeit des Motormoments in der Elektromobilität erheblich. Die einfachste Aufbaumöglichkeit für einen Torque Splitter in der Elektromobilität ist ein zentraler Antrieb in Achsmitte mit den abgehenden Antriebswellen zu den Rädern, wobei jede Antriebswelle über eine Lamellenkupplung verfügt. Damit lässt sich sogar die gesamte antreibende bzw. verzögernde Motorleistung zu Stabilisierungs- bzw. Agilitätszwecken auf ein Rad verteilen bei nur äußerst geringen Schaltverlusten der Kupplung. Gegensinnige Reifenumfangskräfte an einer Achse sind mit diesem System jedoch nicht realisierbar und bei jeder Kurvenfahrt treten selbst ohne Verlagerungsmoment aufgrund der Drehzahldifferenz der Räder Verluste auf. Doch grundsätzlich sind die Verluste von Torque Splittern eher gering [Zdy11, Mei08]. Für einen energieeffizienten Fahrbetrieb besteht der funktionelle Vorteil einer mechanischen Entkopplung des gesamten Antriebsstrangs für eine effiziente Segelfunktion mit reduzierten Schleppverlusten. Ebenso ist diese Entkopplung auch für Fail-Safe-Zwecke des elektrischen Antriebsstrangs bzw. zum gefahrlosen Abschleppen eines defekten Fahrzeugs günstig. Die Notwendigkeit nur eines Antriebs bei dieser Lösung und die effiziente Segelfunktion erscheinen günstig für Antriebsstränge mit unterschiedlicher Untersetzung der Motordrehzahl z.B. durch Schaltgetriebe oder CVT-Getriebe. Jedoch gibt es bei der Funktionalität von Torque Splittern auch Nachteile. Da der Drehzahlausgleich bei Kurvenfahrt durch den Torque Splitter erfolgen muss, können aufgrund des Zeitverzugs beim Ansteuern der Kupplungen ein unharmonisches Verhalten sowie eine kurzzeitig spürbare Sperrwirkung beim Anlenken auftreten, was die Fahrzeugagilität verringert [Mei08].

Überlagerungsdifferentialgetriebe sind wegen ihrer vergleichsweise hohen Verlustleistung für eine Anwendung in der Elektromobilität nicht zu empfehlen.

Aktive vertikaldynamische Systeme

Bei Systemen für die Vertikaldynamik ist für eine energetische Bewertung die Leistungsfähigkeit der Systeme zur Erfüllung der Anforderungen für die Fahrsicherheit und den Fahrkomfort heranzuziehen. Bei geringen Anforderungen, z. B. nur zur Verbesserung des Wankverhaltens und Eigenlenkverhaltens, bieten sich aktive Stabilisatoren an, die energetisch günstig sind und kaum Mehrgewicht verursachen. Für eine variable Dämpfung ist, mit der Möglichkeit der Energierückgewinnung und keinen nennenswerten Auswirkungen auf Mehrgewicht und ungefederte Massen, der elektromechanische Rotationsdämpfer nach [Wil13] passiven Dämpfersystemen deutlich überlegen. Zudem bietet dieser die Möglichkeit eines aktiven Betriebs, falls der Kunde dies wünscht und die Reichweiteneinschränkungen akzeptiert. Eine Kombination mit einem aktiven Stabilisator ist denkbar. Für höchsten Fahrkomfort und höchste Fahrsicherheit, allerdings energetisch deutlich ungünstiger, bieten sich Direktantriebe für eine vollaktive Federung mit hoher Bandbreite zur Reduzierung von Radlastschwankungen an. Die Funktion des Stabilisators wird dabei durch die aktiven Stellglieder übernommen und dieser kann entfallen. Ein rein generatorischer Betrieb würde bei Funktionseinbußen die Energiebilanz deutlich verbessern.

Grundsätzlich bei allen energetischen Betrachtungen zur Fahrleistung und Fahrdynamik am Fahrzeug steht die Fahrzeugmasse im Mittelpunkt, da diese als wesentlicher durch den Entwicklungsprozess beeinflussbarer Parameter in die kinetische und potentielle Energie im Fahrbetrieb eingeht. Die Variablen Fahrgeschwindigkeit und Höhenunterschied (bei der potentiellen Energie) werden vom Fahrer und der bestimmten Route beeinflusst und durch die Vernunft des Fahrers und Systembeschränkungen begrenzt. Folglich ergeben sich als oberste Ziele eine Reduzierung der Masse, der Wirkungsgradverluste und der Fahrwiderstände. Auf der Suche nach dem Optimum wird ein Kreislauf in Bewegung gesetzt, der voller Zielkonflikte bei der Konzeption der Fahrzeugkonfiguration und der Dimensionierung der Systembestandteile ist. Als Kompromiss in Energiebedarf, Reichweite, Fahrleistung, Ladedauer und Kosten können gegenwärtig bei der neuartigen Antriebstechnologie batteriebetriebener Elektrofahrzeuge Elektrokleinfahrzeuge wie Honda Micro Commuter, MUTE, Opel Rak-e, Renault Twizy, Toyota Coms oder VW Nils betrachtet werden, die von der Funktionalität her und mit einer Höchstgeschwindigkeit von etwa 80 km/h einen Einsatz im Nahverkehr finden. Dieser Kompromiss führt zu einem Energiebedarf von etwa 8 kWh/100 km und ist wesentlich auf die geringe Fahrzeugmasse von etwa 400 kg Leergewicht zurückzuführen. Der geringe Energiebedarf spiegelt sich auch in kurzen Ladezeiten wider.

Die Ergebnisse zum Stand der Technik zeigen auf, dass für ein im Fahrbetrieb energieeffizientes Elektrofahrzeug mit aktiver Fahrdynamik neben der Gesamtregelung auch die Fahrwerksysteme die Randbedingungen dieser Antriebstechnologie berücksichtigen müssen, um weitreichende Synergieeffekte aus der Verbindung der Schlüsseltechnologien hervorzurufen. Damit sind sowohl im funktionsorientierten Entwurf der Informationsverarbeitung die Schnittstellen und Systemmöglichkeiten dieser Antriebstechnologie zu berücksichtigen als auch in der konstruktiven Umsetzung des Gesamtsystems. Dabei wird die Notwendigkeit einer ganzheitlichen Systembetrachtung und einer systematischen und strukturierten Vorgehensweise, wie sie in der Mechatronik erfolgt, deutlich. Mit einem ganzheitlichen Entwurf wird in dieser Arbeit sowohl eine energieeffiziente Gesamtfahrzeugkonfiguration hergeleitet als auch eine neuartige Fahrdynamikregelung (siehe Kapitel 6), welche auch die Besonderheiten der Antriebstechnologie und der aktiven Fahrwerksysteme berücksichtigt, entworfen.

Nachfolgend werden die Anforderungen an das Gesamtfahrzeug M-Mobile aufgezeigt und im Anschluss erfolgt die Konzeption der Fahrzeugkonfiguration des M-Mobiles.

3.1.5 Ansätze zur integrierten Fahrdynamikregelung

Mit der chronologischen Entwicklung einer zunehmenden Anzahl an Fahrdynamikregelsystemen ist ein Ansatz der friedlichen Koexistenz entstanden [Pfe13], bei dem entsprechend den Funktionen einzelne Teilsysteme parallel existieren und sich teilweise in ihren Regelzielen überschneiden, wofür eine potentielle gegenseitige Beeinträchtigung verhindert werden muss. Zur Erzielung funktionaler Synergien wurden die Grenzen der Systeme aufgelöst und mittels integrierter Fahrdynamikregelsysteme ganzheitliche Ansätze zur funktionalen Integration der Domänen Längs-, Quer- und Vertikaldynamik verfolgt. Diese Ansätze sind bereits mehrfach erforscht, jedoch häufig mit Fokus auf bestimmte Fahrzeugkonfigurationen bei Fahrzeugen mit konventionellem Antriebsstrang und Verbrennungsmotor, ohne die erweiterten Stellgrößen der Elektromobilität, wie die gezielte fahrdynamische Ausnutzung des generatorischen Betriebs, zu berücksichtigen und einen wesentlichen Fokus auf den Energiebedarf zu richten.

Es existieren viele Ansätze für integrierte Fahrdynamikregelsysteme, die jedoch unterschiedliche Einschränkungen aufweisen. [Ore07] bestimmt mittels einer konvexen, nichtlinearen Optimierung das „fahrdynamische Optimum", was er als Minimierung der größten Kraftschlussausnutzung ansieht. Ausgehend von einer geplanten Trajektorie ermittelt er die Stellgrößenverteilung für eine Steuerung für ein Fahrzeug mit radindividueller Aktorik. Sein Ansatz ist jedoch nicht echtzeitfähig und wird in Offlinesimulationen als Referenz zum Vergleich und zur Bewertung von Fahrdynamikregelsystemen eingesetzt. Weiterhin werden keine Beschränkungen wie Leistungsbegrenzungen der Aktuatoren berücksichtigt. Einen ähnlichen Ansatz verfolgt [Krü10]. Durch Linearisierung der nichtlinearen Modellgleichungen im Arbeitspunkt bezüglich des Schlupfvektors konnte der Control Allocation Ansatz für die Horizontaldynamik auf ein weniger rechenintensives quadratisches Optimierungsproblem reduziert werden. Als Randbedingungen für das überaktuierte System werden neben einer Minimierung der maximalen Kraftschlussausnutzung aller Reifen auch eine geringe Stellenergie und eine Maximierung der Rekuperation berücksichtigt. Günstig ist auch, dass zeitvariante Parameter wie Änderungen des Kraftschlussbeiwertes oder Aktuatorbegrenzungen berücksichtigt werden können. Die Echtzeitfähigkeit wurde auf einem dSPACE-System bei einem Fahrzeug mit aktiver Vorderrad- und Hinterradlenkung mit Verbrennungsmotor aufgezeigt. [Krü10] weist jedoch wegen der größeren Anzahl an Stellgrößen auf einen höheren Rechenaufwand bei einem rekuperationsfähigen Fahrzeug mit radindividueller Aktorik hin. Damit kann bei dieser Fahrzeugkonfiguration die Echtzeitfähigkeit nicht bestätigt werden.

Zwei Ansätze zur Optimierung der Reibwertausnutzung der Reifen durch gezielte Antriebsmomentenverteilung mit einem aktiven Hinterachsdifferential verfolgt auch [Hil09]. Zur Reduzierung des Rechenaufwands wird dabei auf iterative Optimierungsverfahren verzichtet. Nach [Hil09] führt dabei die geschickte Minimierung der maximalen Reibwertausnutzung zu fahrdynamisch besseren Ergebnissen als die

Verwendung eines quadratischen Gütemaßes, jedoch bei deutlich höherem Rechenaufwand und dieser Ansatz lässt sich nicht auf einfache Weise auf Systeme mit mehr Stellgrößen erweitern.

[Kob09] bemängelt für einen praktischen Einsatz der Optimierungsansätze, wie bereits einige erwähnt wurden oder weitere nach [Bün06, Ras08], für integrierte Fahrdynamikregelungen die fehlende Berücksichtigung von Aktuatorinformationen wie beispielsweise die Lamellentemperatur in Torque Vectoring Differentialgetrieben und die fehlende Bewertung möglicher negativer Auswirkungen auf den Fahrkomfort bei Stelleingriffen überaktuierter Systeme. Folglich ist der zentrale Bestandteil in dem von [Kob09] vorgestellten Global Chassis Control ein Aktuatorauswahlmodul, das unter Berücksichtigung der genannten Kriterien auch eine Maßzahl für die aktuelle Verfügbarkeit jedes Aktuators berücksichtigt.

[Rei11] stellt eine Mehrzieloptimierung zur Stellgrößenermittlung für die Horizontaldynamik eines Elektrofahrzeugs mit Einzelradaktorik vor. Mit einem Einspurmodell generiert er aus den Vorgaben des Fahrers die Bewegungsgrößen der Horizontaldynamik des Fahrzeugs. Die dafür notwendigen Kräfte und Momente im Fahrzeugschwerpunkt werden durch eine Mehrzieloptimierung mit einem Zweispurmodell ermittelt. Dabei werden die physikalischen und technischen Begrenzungen des Fahrzeugs, wie der maximale Lenkeinschlag oder die Momentenbegrenzung der Traktionsantriebe, berücksichtigt. Als Optimierungsziele dienen die Minimierung von Reifenverschleiß (durch Minimierung der Schräglaufwinkel), die Minimierung des Energiebedarfs (durch Minimierung der Reifenlängskräfte) und die Minimierung des maximalen Kraftschlusses für die Fahrsicherheit. Mit einer Mehrzieloptimierung wird die Menge der optimalen Kompromisse zwischen den Zielen bestimmt [Rei11]. Dabei wird zur Reduzierung des Rechenaufwands die Mehrzieloptimierung zu einer gewichteten Summe vereinfacht. Die Zielgewichtungen können je nach Umgebungsbedingungen variieren. Aktorausfälle lassen sich in dem Ansatz durch weitere Nebenbedingungen berücksichtigen. Nachteilig an dem Konzept ist das gesteuerte Verhalten, bei dem durch Störgrößen und Modellunsicherheiten in der Praxis Abweichungen auftreten können. Dieses kann jedoch durch Aufschalten einer überlagerten Regelung kompensiert werden. Und die Echtzeitfähigkeit wurde nicht aufgezeigt, trotz real existierenden Funktionsprototypen [Rei11, Rein10].

Beim Ansatz nach [Abe13] wird als Optimierungsziel eine Reduzierung des Energiebedarfs verfolgt, bei dem jedoch die Dissipation der Reifen bedingt durch den Reifenschlupf durch ein semi-empirisches Modell [Yam06] geschätzt wird. Gegenüber einer Minimierung der Kraftschlussausnutzung konnten deutliche Energievorteile erzielt werden, die anhand des Dissipationsmodells ermittelt wurden. Der tatsächliche Energiebedarf der Aktorik wird nicht zur Bewertung herangezogen. Diesen nutzt [Eck13] in seinem Ansatz zur optimalen Zuordnung der Steuergrößen (optimal control allocation) für ein Fahrzeug mit Einzelradantrieben. Dabei verwendet er Verlustleistungskennfelder zur Berücksichtigung der Wirkungsgradkette von Elektromotor, Getriebe und Reifen. Gegenüber dem ähnlichen Ansatz von [Wan11] vereinfacht bzw. ermöglicht der Ansatz nach [Eck13] den Übergang vom Antreiben zum generatorischen Bremsen als auch die Bewertung der Energieverluste im Leerlaufbetrieb [Eck13]. Eine Echtzeitfähigkeit ist derzeit nicht gegeben. Die Funktionsweise wird an einem Doppelspurwechsel nach DIN ISO 3888-2 und dem NEFZ in der Simulation aufgezeigt. Im Vergleich zu einer Gleichverteilung des Drehmoments auf alle Räder wird beim Doppelspurwechsel ein um 25 % geringerer Lenkaufwand festgestellt. Auswirkungen auf den Energiebedarf werden hier nicht genannt. Im NEFZ wird ein energetischer Vorteil von 2,5 % erzielt, der aus einer effizienzoptimierten Verteilung der Traktionsleistung zwischen den Achsen resultiert. Nach [Eck13] könnte dieser Vorteil durch unterschiedliche Elektromotoren weiter steigen. Nachteilig an diesem Ansatz sind die nicht vorhandene Echtzeitfähigkeit und die beschränkte Fahrzeugkonfiguration von vier beinflussbaren Traktionsantrieben.

Aus der Recherche zum Stand der Technik bei integrierten Fahrdynamikregelungen, die mit entsprechenden Stellmöglichkeiten auch im Hinblick auf Elektrofahrzeuge Anwendung finden, geht häufig der bei Optimierungsansätzen notwendige hohe Rechenbedarf hervor, wodurch einige Ansätze derzeit nicht echtzeitfähig sind. Jedoch trägt eine systematische Auswertung der mit Optimierungsansätzen gefundenen lokalen Minima wie bei [Che12] zur Echtzeitfähigkeit bei. Die für eine hohe Reichweite angestrebte Energieoptimalität erfordert eine Berücksichtigung der gesamten Wirkungsgradkette, was in einigen Ansätzen durch Wirkungsgradkennfelder berücksichtigt wird. Häufig werden aber sich ändernde Umgebungsbedingungen wie Getriebeöltemperaturen dabei nicht berücksichtigt. Ebenso erschweren konstruktive energetische Maßnahmen wie Freiläufe oder Trennkupplungen zur Reduzierung der Schleppverluste oder selbsthemmende Getriebe (in aktiven Lenkungen, aktiven Federungssystemen oder aktiven Stabilisatoren) das Auffinden des energetischen Optimums. Hinsichtlich Fahrsicherheit und Energieoptimalität müssen in den ermittelten Pareto-Mengen über Gewichtungen Kompromisse gefunden werden [Rei11], so dass ein ausschließlicher energieoptimaler Betrieb nicht zustande kommt. Auch negative Auswirkungen auf den Fahrkomfort durch die Stellgrößenverteilung werden bei Optimierungsansätzen von stark überaktuierten Systemen häufig nicht berücksichtigt und sind auch schwer zu bewerten, da keine Transparenz der Stelleingriffe vorliegt. Weitere Nachteile in den Ansätzen sind häufig die Betrachtung einer eingeschränkten Fahrzeugkonfiguration zur Anwendung in einem Fahrzeug mit konventionellem Verbrennungsmotor und lediglich eine Steuerung der Fahrdynamik, die jedoch ohne großen Aufwand zur Regelung modifiziert werden kann.

Aus diesen Einschränkungen resultiert die Idee für einen Ansatz einer analytischen Stellgrößenverteilung, die für die Fahrsicherheit auf eine gleichmäßige Kraftschlussausnutzung abzielt und durch die entsprechende Wahl der Randbedingungen für das überaktuierte System einen energieeffizienten Gesamtbetrieb ermöglicht. Die gleichmäßige Kraftschlussausnutzung bedingt auch eine gleichmäßige Stellgrößenverteilung, wodurch keine Einbußen im Fahrkomfort zu erwarten sind. Mit einem zugrunde gelegten mathematischen Modell sind die Stelleingriffe stets transparent und nachvollziehbar. In Kombination mit energetisch günstigen Fahrwerksystemen kann damit ein sicherer, komfortabler und energieeffizienter Gesamtbetrieb ermöglicht werden.

3.2 Anforderungen an das Gesamtsystem M-Mobile

Das Forschungselektrofahrzeug M-Mobile dient als Funktionsdemonstrator, mit dem die Verbindung der Schlüsseltechnologien Fahrerassistenz-, Fahrdynamikregelsysteme und Elektromobilität und daraus resultierende Synergieeffekte aufgezeigt werden. Folglich sind als Hauptanforderung mit der konzipierten Fahrzeugkonfiguration alle sechs Freiheitsgrade des Fahrzeugaufbaus aktiv zu beeinflussen. Damit werden die Wechselwirkungen der Teilsysteme abgebildet und mögliche Synergien können durch neuartige Funktionen aufgezeigt werden.

Als Fahrzeuggröße fokussiert das Konzept ein leichtes Stadtfahrzeug in der Größenordnung eines Kleinwagens. Ein batterieelektrisches Fahrzeug ist für die damit verbundene Anwendung mit häufigem Beschleunigen und Verzögern bei vergleichsweise geringen Reichweiten prädestiniert. Diese Fahrzeugdimension und der Einsatzbereich führen zu einem vergleichsweise geringen Akkugewicht, bei entsprechend geringen Kosten und kurzen Ladezeiten.

Die Gesamtfahrzeugkonfiguration ist so zu wählen, dass ein energieeffizienter Gesamtbetrieb zur gewünschten Funktionserfüllung ermöglicht wird. Folglich sind die Teilsysteme hinsichtlich ihrer Wirkung und der Energieeffizienz zu bestimmen. Bei der Auswahl der Aktorik sollen aus Aufwandsgründen existierende Systeme gegenüber Neuentwicklungen bevorzugt werden. Fokus des Forschungsfahrzeugs ist es einen energieeffizienten Gesamtbetrieb durch eine entsprechende Fahrzeugkonfiguration und integrierte Fahrdynamikregelung sicherzustellen, anstatt einzelne Aktoren zu optimieren.

Aufgrund der erzielten Verbesserungen bei Direktantrieben für einen Einsatz als Traktionsmaschinen, insbesondere in der Leistungsdichte, wird für den Antrieb ein Direktantrieb gefordert. Für die Möglichkeit zu Untersuchungen in der Längsdynamik sind mit dem konzipierten Antriebsstrang alle Reifenumfangskräfte aktiv zu beeinflussen. Neben der Möglichkeit zur Untersuchung von Auswirkungen auf das Rekuperationspotential bei Front-/ Hinterrad- oder Allradantrieb sind auch die Reifenumfangskräfte, auch mit einer gezielten Richtungsvorgabe, zur Erzeugung eines Giermoments für die Fahrzeugquerdynamik zu nutzen. Demnach ergibt sich die Forderung nach einer radindividuellen Stellbarkeit. Weiterhin werden neben einer angestrebten Maximierung des generatorischen Betriebs bei der Fahrzeugverzögerung, auch fahrdynamische Stelleingriffe im generatorischen Betrieb gefordert. Dazu sind in der Informationsverarbeitung Potentiale zur Rekuperation gezielt in Form einer Funktionsintegration zu nutzen. Wobei Stelleingriffe, die aufgrund der Wechselwirkungen der Teilsysteme zu Zielkonflikten führen, hinsichtlich ihrer angestrebten Wirkung, des Energiebedarfs und potentieller negativer Auswirkungen auf den Fahrkomfort abzuwägen sind. Für die gewünschte Wirkung sind energetisch günstige Stelleingriffe durch die Informationsverarbeitung sicherzustellen. Für einen energieeffizienten Betrieb kann dies nur gewährleistet werden, wenn auch der konstruktive Entwurf einen geringen Energiebedarf fokussiert. Dazu ist beim Entwurf der mechatronischen Funktionsmodule der Energiefluss des Gesamtsystems zu berücksichtigen und zur Vermeidung eines schlechten Gesamtwirkungsgrads ist die Anzahl der Energiewandlungen gering zu halten.

Für die Möglichkeit zu Untersuchungen in der Querdynamik sind die Reifenseitenkräfte der Vorder- und Hinterräder aktiv zu beeinflussen. Zur Abbildung der

Wechselwirkungen in der Fahrdynamik wird eine radindividuelle Beeinflussung gefordert. Diese ermöglicht eine angestrebte Spureinstellung mit dem Ziel der Fahrwiderstandsreduzierung und Bremswegverkürzung durch eine aktive Vorspur. Weiterhin wird für eine hohe Wendigkeit bei geringen Fahrgeschwindigkeiten ein großer Lenkwinkelbereich der Hinterräder gefordert.

Für die Auslegung der Querdynamik ist zur Sicherstellung eines beherrschbaren Fahrverhaltens ein untersteuerndes Eigenlenkverhalten des Fahrzeugs, insbesondere im Grenzbereich, anzustreben. Entsprechend ist die Kinematik der Radaufhängung, die Massenverteilung im Gesamtfahrzeug und die Federung und Dämpfung abzustimmen. Wobei für eine hohe Agilität eine gleichmäßige Massenverteilung und ein niedriger Fahrzeugschwerpunkt gefordert werden.

Für eine aktive Vertikaldynamik sind die Radlasten in gewünschter Weise zu beeinflussen. Dabei ist neben einem vollaktiven Betrieb des Aktors (Vierquadratenbetrieb) mit dem Ziel der Dämpfung von Radlastschwankungen zur Erhöhung der Fahrsicherheit und der Reduzierung der Aufbaubewegung zur Verbesserung des Fahrkomforts auch ein rein generatorischer Betrieb (Zweiquadrantenbetrieb) zu ermöglichen. Damit sollen die Auswirkungen auf die Vertikaldynamik und auch auf den Energiebedarf mit einer möglichen Reichweitenverlängerung aufgezeigt werden.

Als Energiespeicher ist ein hochstromfester Akku mit sicherer Zellchemie und aus Sicherheitsgründen mit einer Maximalspannung von 60 V zu verwenden. Entsprechend der gewünschten Längsbeschleunigungen, -verzögerungen und der thermischen Festigkeit des Antriebstrangs ist die Hochstromfestigkeit sicherzustellen. Die Maximalspannung wird auf 60 V begrenzt, da eine Vielzahl von Studierenden an dem Forschungsfahrzeug mitwirkt. Die Kapazität des Akkus wird nicht für eine gewünschte Reichweite bestimmt, sondern für einen Betrieb zu Forschungszwecken für eine Dauer von etwa 90 min.

3.3 Konzeption des Gesamtsystems M-Mobile

Anhand der mechatronischen Entwurfsmethodik wird das Gesamtsystem M-Mobile konzipiert. Mit einer ganzheitlichen Vorgehensweise werden dabei neben der mechanischen Tragstruktur die Aktorik, Sensorik und Informationsverarbeitung von Beginn an betrachtet.

Zur Sicherstellung eines energieeffizienten Gesamtbetriebs sieht das Konzept eine Fahrzeugkonfiguration mit aktiven Radmodulen vor, welche die mechatronischen Funktionsmodule

- Antrieb,
- Lenkung,
- Federung

integrieren.

Eine prinzipielle Darstellung des mechatronischen Gesamtsystems zeigt Abbildung 3-6. Dabei werden die nicht beeinflussbaren Freiheitsgrade mit gestrichelten Linien dargestellt.

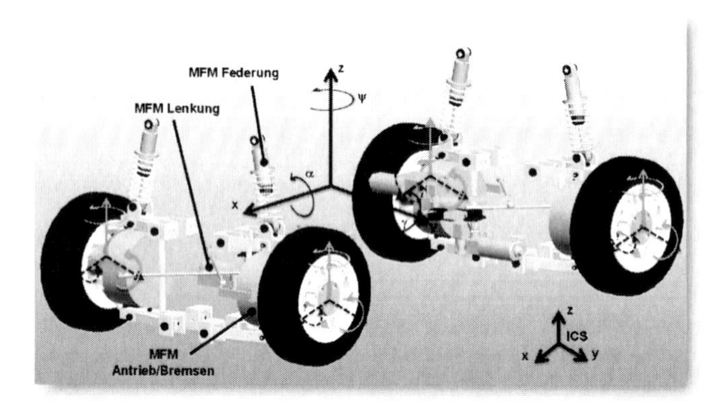

Abbildung 3-6: Gesamtkonzept des M-Mobiles mit aktiven Radmodulen [Liu10, Liu11]

Abbildung 3-7 illustriert die Radmodule als Kernelemente eingebettet in die Gesamtkonfiguration am Beispiel des realisierten Funktionsträgers im Maßstab 1:3.

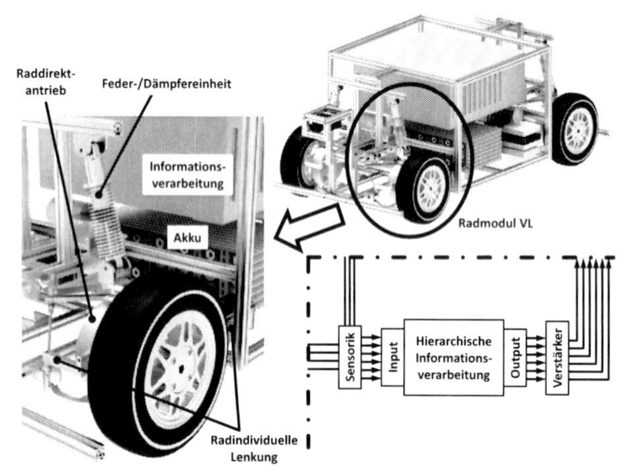

Abbildung 3-7: Konzept eines aktiven Radmodules des M-Mobiles exemplarisch für den Funktionsträger

Für das MFM Antrieb sieht das Konzept dezentrale Direktantriebe vor. Für eine gewünschte Fahrdynamik lassen sich damit alle Reifenumfangskräfte unabhängig voneinander stellen und generatorische Eingriffe zur Energierückgewinnung gezielt für fahrdynamische Zwecke nutzen.

In dem hier vorgeschlagenen Konzept für das MFM Lenkung entfällt im Gegensatz zu konventionellen Lenkungen eine mechanische Kopplung zwischen den Rädern. Damit wird eine radindividuelle Lenkkinematik erzielt, die eine unerwünschte gegenseitige Beeinflussung verhindert. Aus Gründen der Energieeffizienz wird ein selbsthemmendes Getriebe verwendet, wodurch nur zum Stellen des Spurwinkels Energie aufgebracht werden muss.

Das MFM Federung wird so konzipiert, dass neben einem vollaktiven Betrieb mit hoher Bandbreite zur Dämpfung der Radlastschwankungen und der Aufbaubewegung auch eine variable Dämpfung der Aufbaubewegung durch rein generatorischen Betrieb des Aktors möglich ist. Gegenüber konventionellen, passiven Dämpfersystemen werden mit diesem Konzept funktionale und energetische Vorteile angestrebt. In dem Konzept erfolgt die aktive Niveauregelung durch einen weiteren Aktor mit selbsthemmendem Getriebe, der durch den Hauptaktor des MFM Federung unterstützt wird.

Nachfolgend wird das auf einen energieeffizienten Gesamtbetrieb mit hoher Fahrsicherheit und hohem Fahrkomfort abzielende Konzept anhand der einzelnen Funktionsmodule und des Energiespeichers im Detail beschrieben.

3.3.1 MFM Antrieb

Für den Antriebsstrang wird wegen der gegenwärtigen Verbesserungen bei Direktantrieben, insbesondere der Leistungsdichte dieser, ein radindividueller Direktantrieb an allen Rädern gewählt. Entsprechend den Anforderungen lassen sich auf diese Weise alle Reifenumfangskräfte unabhängig voneinander beeinflussen. Damit wird der Antriebsstrang durch vier MFM Antrieb realisiert. Diese Konfiguration weist folgende Vorteile auf:

- kurze Wege des Energieflusses begünstigen hohen Wirkungsgrad
- geringe rotatorische Massenträgheiten
- geringe Komplexität des Antriebsstrangs hinsichtlich einer vollvariablen Antriebsmomentenverteilung
- radnabenantriebe oder radnahe Anordnung führt zu sehr guter Bauraumausnutzung des Gesamtfahrzeugs
- generatorischer Betrieb kann gezielt zu querdynamischen Eingriffen genutzt werden
- Konfiguration als Allradantrieb führt zur Verteilung der Verlustwärme auf vier Antriebe anstelle auf zwei Antriebe bei nur einer angetriebenen Achse
- durch Antriebe der Hinterräder wird zur Funktionsintegration die mechanische Reibbremse eingespart

Die kurzen Wege des Energieflusses sind nur durch geringe Massenträgheiten und einer geringen Anzahl an Energieumwandlungen zu erzielen, was eine hohe Energieeffizienz sicherstellt. Dadurch müssen weniger Trägheiten beschleunigt werden und die Reibung im Antriebsstrang reduziert sich, wodurch auch eine effiziente Segelfunktion ermöglicht wird. Gegenüber konventionellen Antriebssträngen von Fahrzeugen mit Verbrennungsmotor und einer vollvariablen Antriebsmomentenverteilung weist die gewählte Konfiguration eine deutlich geringere Komplexität des Antriebsstrangs auf, da die notwendige mechanische Leistung dezentral bereitgestellt wird und nicht durch aufwendige mechanische Systeme vollvariabel von einem zentralen Antrieb verteilt werden muss. Weiterhin führt die dezentrale Anordnung der Antriebe zu einer günstigen Bauraumausnutzung im Gesamtfahrzeug. Für den Fahrzeuginnen-, Gepäckraum und des Batteriestauraums ergeben sich damit vielfältige Konfigurationsmöglichkeiten.

Mit den radindividuellen Antrieben wird der generatorische Betrieb der Antriebe neben gewünschten längsdynamischen Eingriffen zur Energierückgewinnung auch gezielt für fahrdynamische Eingriffe zur Beeinflussung der Fahrzeugquerdynamik verwendet. Dies erschließt Synergien und begünstigt die Fahrzeugreichweite.

Die Konfiguration als Allradantrieb führt zu einer Verteilung der Verlustwärme auf vier Antriebe. Gegenüber einer angetriebenen Achse weist diese Konfiguration höhere Kühlflächen und damit größere Reserven beim thermischen Verhalten auf. Durch Ausnutzung dieser Reserven kann das Rekuperationspotential erhöht werden, da im generatorischen Betrieb höhere Verzögerungen des Fahrzeugs erzielt werden können. Darüber hinaus wird mit der Konfiguration als Allradantrieb zur Funktionsintegration die Reibbremse an den Hinterrädern eingespart. Die dynamische Radlastverlagerung beim Bremsen reduziert die Radlasten an den Hinterrädern, so dass die maximal übertragbaren Reifenkräfte durch die Traktionsmaschinen übertragen werden können. Bei einer Gefahrenbremsung fallen diese vergleichsweise gering aus und zur Gewährleistung der Fahrzeugstabilität ist ein Blockieren der Hinterräder unbedingt zu vermeiden. Um keinesfalls in den instabilen Schlupfbereich des Reifens zu kommen, wird häufig bei der Reifenschlupfregelung ein Sicherheitsabstand zum maximalen Kraftschlussbeiwert eingehalten. Bei einem rein hinterradangetriebenen Fahrzeug reduziert dieser Umstand das Rekuperationspotential. Insbesondere bei geringen Kraftschlussbeiwerten, wie sie bei nasser Fahrbahn auftreten, kann so häufig nicht die gewünschte Rekuperationsleistung erzielt werden.

Der Nachteil hoher ungefederter Massen bei radnahen Antrieben bzw. Radnabenantrieben wird durch entsprechende Modifikationen in der Radaufhängung und Federung und Dämpfung behoben.

Zur Dimensionierung des Antriebsstrangs sieht das Konzept eine Auslegung anhand einer Fahrleistungsberechnung vor. Entsprechend den Anforderungen ist dabei eine energieeffiziente Konfiguration mit verfügbarer Aktorik zu entwerfen. Inhalt dieser Arbeit ist es nicht die Aktorik auszulegen, um Wirkungsgradoptimierungen des Antriebsstrangs zu erzielen. Exemplarisch erfolgt die Dimensionierung der Traktionsantriebe am realisierten Funktionsträger im Maßstab 1:3. Entsprechend den Anforderungen soll die Fahrleistung der eines konventionell angetriebenen Kleinwagens entsprechen, wobei die Höchstgeschwindigkeit für den fahrerlosen Funktionsträger aus Sicherheitsgründen auf etwa 50 km/h beschränkt wird.

Bei der Betrachtung der Fahrleistung werden folgende Betriebsfälle unterschieden, die generell zu Zielkonflikten in der Auslegung des Antriebsstrangs führen:

- Anfahrbeschleunigung
- Anfahren am Berg/ Steigfähigkeit
- Höchstgeschwindigkeit
- Verzögerungsvermögen durch den Antrieb

Eine Gegenüberstellung der Fahrwiderstände als Last und der Antriebskraft aller Traktionsantriebe zeigt Abbildung 3-8 als Resultat der Fahrleistungsberechnung. Die Berechnung der Fahrleistungen und der Antriebskraft der E-Maschinen erfolgte anhand der Gleichungen aus Unterkapitel *4.2.* Vereinfachend wird dabei der Reifenschlupf vernachlässigt und zu Beginn des Entwurfs unbekannte Systemparameter sind mit ungünstigen Werten angenommen, um die Fahrleistungsanforderungen sicherzustellen. Als Fahrwiderstände werden der Roll- und zusätzlich der Roll- und Luftwiderstand in Summe aufgezeigt, wie sie bei einer Fahrt in der Ebene auftreten. Ergänzend ist der Steigungswiderstand bei einer Steigung von 10 % aufgeführt, um die Steigfähigkeit abzuschätzen. Gemäß [Hei11] ist dieser Steigungswert die Grenze für in Deutschland zulässige Straßen.

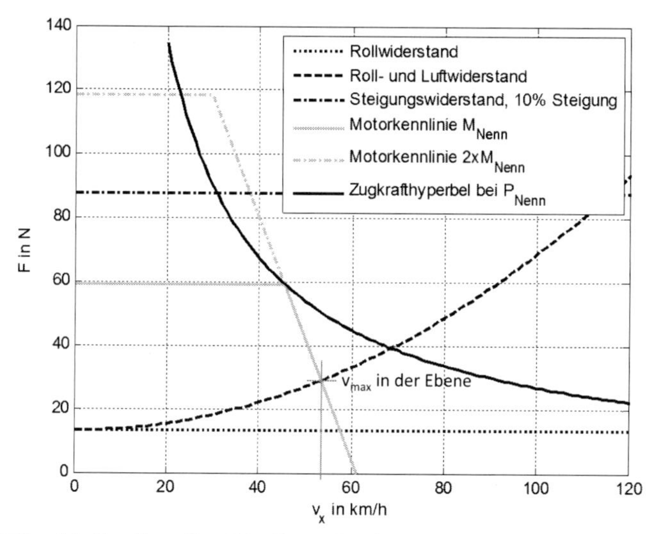

Abbildung 3-8: Gegenüberstellung Fahrwiderstände und Antriebskraft zur Fahrleistungsermittlung

Den Fahrwiderständen gegenübergestellt sind die Antriebskennlinie bei Nennmoment und dem zweifachen Nennmoment für die gewählten Traktionsantriebe. Aufgrund der temporären Überlastmöglichkeit der Traktionsmaschinen erfüllt der konzipierte Antriebsstrang das Ideal der Zugkrafthyperbel bei Nennleistung nahezu. Die Umsetzung der Zugkrafthyperbel wird als ideal angesehen, da dadurch bei jeder Fahrgeschwindigkeit die gesamte Antriebsleistung zur Verfügung steht. Die gewünschte Höchstgeschwindigkeit von 50 km/h wird erfüllt und im Bereich dieser steht ein ausreichendes Beschleunigungsvermögen zur Verfügung, da die Antriebskennlinie in diesem Bereich durch die Gegeninduktion der E-Maschine und nicht durch das Nennmoment begrenzt wird. Mit dem Spannungsniveau von 24 V der Traktionsbatterie kann das Nennmoment der E-Maschinen fast bis zur gewünschten Höchstgeschwindigkeit (>50 km/h in der Ebene) genutzt werden. Eine Verringerung des Antriebsmoments durch die Gegeninduktion des Antriebs erfolgt erst ab etwa 45 km/h. Die Steigfähigkeit ist mit den gewählten Direktantrieben eingeschränkt. Mit dem anderthalbfachen Nennmoment kann die Hangabtriebskraft einer Steigung von 10 % überwunden werden. Diese Einschränkung wird für den konzipierten Funktionsprototypen zugelassen, da die Anwendung einen Betrieb auf horizontalen Ebenen fokussiert. Dennoch existiert bei zweifachem Nennmoment, das für eine Dauer von 60 s aufgebracht werden kann [Bau10], eine Beschleunigungsreserve bei einer Steigung von 10 %.

3.3.2 MFM Lenkung

Zur Erfüllung der Anforderung alle Reifenseitenkräfte unabhängig voneinander zu beeinflussen sieht das Konzept für das Forschungselektrofahrzeug eine Einzelradlenkung vor. Wobei zur Erprobung neuartiger Parkiermanöver auf geringer Parkfläche ein großer Lenkwinkelbereich an den Hinterrädern zu erfüllen ist. Jedoch wird gemäß [Ber89] bei kleinen Geschwindigkeiten das Lenkverhältnis zwischen Vorder- und Hinterachse begrenzt, da ein ausschwenkendes Fahrzeugheck, zu hoher Raumbedarf für die Hinterachse und bei Geschwindigkeitsänderungen zu hohe Kursänderungen auftreten können, obwohl der Fahrer nicht lenkt [Ber89].

Eine Einzelradlenkung wird im Konzept auch vorgesehen, um weitere Synergien zu erschließen. Diese Konfiguration erlaubt eine aktive Reduzierung der Vorspur bei Geradeausfahrt zur Reduzierung des Fahrwiderstands. Weiterhin dient die aktive Vorspur als Ergänzung beim kooperativen Bremsen, um den Bremsweg bei einer Gefahrenbremsung zu verkürzen. Bei einer Vollbremsung kann eine angepasste Vorspur die resultierende Verzögerungskraft maximieren [Kor01], wenn die maximal resultierende Reifenkraft bei einer Kombination aus Reifenseiten- und Umfangskraft auftritt.

Die vielen Freiheitsgrade bei einer Einzelradlenkung würden den Fahrer überfordern, wenn er direkten Einfluss auf diese nehmen müsste. Folglich ist eine mechanische Entkopplung zum Fahrer vorgesehen. Durch geringe Lenkwinkel und eine situationsadaptive Haptik ohne einen unerwünschten Einfluss aus dem Antriebsstrang erhöht dies den Lenkkomfort.

Bei der Wahl der Aktorik für das MFM Lenkung ist zur Vermeidung von Energiewandlungen ein elektrisches Stellglied zu verwenden, um einen hohen Gesamtwirkungsgrad zu erfüllen. Diese Entscheidung wird auch gestützt durch eine Untersuchung von [Fei10]. Bei einer Auswahl von elektromechanischen, elektrohydraulischen und rein hydraulischen Antrieben für eine aktiven Spurlenker wies nach [Fei10] ein Elektromotor mit einem Umsetzungsgetriebe die größten Vorteile auf. Wobei darüber hinaus das Konzept ein selbsthemmendes Getriebe zur Reduzierung des Energiebedarfs im stationären Betrieb vorsieht. Damit wird einerseits nur zum Verstellen Energie aufgewandt, andererseits begünstigt es das Störverhalten, da unerwünschte Störkräfte kaum Auswirkungen auf den Spurwinkel haben und das Fahrzeug eine gute Spurtreue aufweist. Zudem kann die Lenkmechanik bei einer mechanischen Entkopplung zum Fahrer steifer ausgelegt werden, da dieser kein unerwünschtes Feedback aus der steifen und empfindlichen Lenkmechanik erhält. Der

Kompromiss aus direkter Lenkung und Lenkkomfort wird über die geregelte Haptik erzielt.

Als Dynamik für das Lenksystem ist eine Bandbreite von min. 3 Hz vorgesehen, da die charakteristische Dynamik des Fahrzeugquerverhaltens im Bereich von 1-2 Hz liegt [Hei11, Mit04]. Zur Dimensionierung des Aktors für eine gewünschte Dynamik sieht [Bis89] die Beherrschung der auslegungsbedingten Massenträgheitseffekte von Motor und Getriebe als die entscheidende zu lösende Aufgabe neben den Maximalkräften des Antriebssystems an. Diese Effekte beruhen auf der hohen Untersetzung des Lenkgetriebes. Für die geforderte Bandbreite von min. 3 Hz bei der Spurwinkelregelung werden zur Dimensionierung des Aktors die Trägheitskräfte wie folgt bestimmt. Im Zeitbereich wird das dynamische Verhalten des Spurwinkels beschrieben mit:

$$\delta(t) = \hat{\delta} \cdot \sin(2 \cdot \pi \cdot f \cdot t) \quad (3.6)$$

Nach zweifacher zeitlicher Ableitung ergibt sich für die Amplitude der Beschleunigung:

$$\ddot{\delta}_{\max} = \hat{\delta} \cdot (2 \cdot \pi \cdot f)^2 \quad (3.7)$$

Das zur Überwindung des d'Alembert'schen Trägheitsmoments bei der Beschleunigung erforderliche Moment reduziert auf die Lenkbewegung des Rades lautet:

$$M_{Lenk,J} = \ddot{\delta}_{\max} \cdot J_{Lenk,red.Rad} = \hat{\delta} \cdot (2 \cdot \pi \cdot f)^2 \cdot J_{Lenk,red.Rad} \quad (3.8)$$

Für die Lenkung des M-Mobiles ist das Massenträgheitsmoment im Vergleich zu konventionellen Lenkanlagen höher, da der Traktionsantrieb beim Lenken mitberücksichtigt werden muss.

Zusätzlich zum Trägheitsmoment wird für die Aktordimensionierung das Bohrmoment, welches beim Reifen-Straße-Kontakt den größten Widerstand für die Lenkung darstellt [Hei11], berücksichtigt.

Das Konzept sieht als weitere energetische Maßnahme einen Lenkrollhalbmesser von Null vor, um den damit verbundenen Störkrafthebelarm für die Reifenumfangskräfte zu eliminieren.

3.3.3 MFM Federung

Neben der Gewährleistung der Fahrsicherheit steht auch der Fahrkomfort im Fokus des Forschungselektrofahrzeugs M-Mobile. Zur Entschärfung des Zielkonflikts von Fahrsicherheit und Fahrkomfort bei passiven Feder-Dämpfer-Systemen sieht das Konzept eine aktive Federung vor, bei der der Aktor im generatorischen Betrieb die Dissipationsenergie aus der Dämpfung der Aufbaubewegung zurückgewinnen und damit die Reichweite erhöhen soll. Dabei werden zwei verschiedene Betriebsstrategien verfolgt [Liu13]. Einerseits soll der Fahrkomfort und die Fahrsicherheit bewährter aktiver Systeme mit der Möglichkeit einer Energierückgewinnung erzielt werden. Diese erfolgt immer dann, wenn dem System Energie entzogen wird. Andererseits soll mit einer anderen Betriebsstrategie das Maximum an Energie zurückgewonnen werden bei einem gegenüber passiven Systemen überlegenen Systemverhalten. Durch eine veränderliche Dämpfung wird dabei der Aktor stets generatorisch betrieben mit dem Ziel eines hohen Fahrkomforts bei hoher Fahrsicherheit.

Aufgrund des vergleichsweise geringen Fahrzeuggewichts scheint die Leistungsdichte verfügbarer elektrischer Aktoren ausreichend zu sein, so dass eine aufwendige Neuentwicklung eines Aktors nicht notwendig ist.

Zur Reduzierung der Komplexität soll die Aufbaufederung und –dämpfung keine Aufgaben der Radführung übernehmen. Auf eine funktionale Integration wie bei einem McPherson-Federbein soll hierbei verzichtet werden, die aktive Feder-/Dämpfereinheit beschränkt sich dann auf ihre eigentliche Funktion. Die Führung des Rades ist durch die Radaufhängung zu gewährleisten. Demnach sieht das Konzept eine Doppelquerlenker- oder Mehrlenker-Radaufhängung vor.

Für eine aktive Niveauregulierung bei geringer Bandbreite sieht das Konzept einen weiteren Aktor geringer Leistung vor, der gezielt eine Selbsthemmung des Getriebes nutzt und beim Verstellen durch den Hauptaktor des MFM Federung unterstützt wird. Der Hauptaktor unterstützt dabei durch Aufprägen einer Kraft in die erforderliche Kraftrichtung.

3.3.4 Energiespeicher

Das Konzept sieht einen elektrischen Energiespeicher vor, der sowohl die elektrische Energie für alle Aktoren bereitstellt, als auch die zurückgewonnene Energie beim Verzögern des Fahrzeugs und der Dämpfung der Aufbaubewegung aufnimmt. Die daraus abgeleitete Hochstromfähigkeit sowohl beim Entladen als auch beim Laden in Verbindung mit einer gewünschten hohen Leistungsdichte schränkt die Auswahl bei verfügbaren und zuverlässigen Akkus auf einen Li-Ion-Akku oder einen NiMH-Akku ein. Wegen der höheren Leistungsdichte sieht das Konzept einen Li-Ion-Akku vor, der jedoch aus Sicherheitsgründen die vergleichsweise sichere Zellchemie Lithium-Eisenphosphat ($LiFePO_4$) und eine Gesamtspannung im Kleinspannungsbereich von unter 60 V aufweisen soll.

Das Batteriemanagementsystem (BMS) soll neben der Überwachung aller Zellspannungen auch ein passives Balancen beim Laden ermöglichen. Wegen der im Kleinspannungsbereich auftretenden hohen Ströme wird ein BMS konzipiert, welches höhere Balancerströme als verfügbare Systeme ermöglicht [Die13].

Nach dem Konzept erfolgt der Aufbau des Energiespeichers modular, um einen schnellen Austausch von Zellen und eine einfache Verifikation des BMS zu ermöglichen. Weiterhin wird der erforderliche Bauraum so gewählt, dass die Kühlung der Zellen durch Konvektion unter Nutzung des Fahrtwinds ohne zusätzlichen Energieeinsatz erfolgt. Da der Akku maßgeblich das Fahrzeuggewicht beeinflusst erfolgt die Massenverteilung hinsichtlich einer gewünschten Fahrdynamik. Dabei wird eine gleichmäßige Achslastverteilung und eine zentrale und tiefe Positionierung der Massen angestrebt.

3.4 Mechatronische Betrachtung des M-Mobiles

Entsprechend der in Kap. 2 beschriebenen Strukturierung des Gesamtsystems anhand des Top-Down-Verfahrens wird das Gesamtfahrzeug in Systemfunktionen aufgeteilt. Die modular-hierarchische Struktur des Gesamtfahrzeugs mit den mechatronischen Elementen MFM, MFG und AMS stellt Abbildung 3-9 dar. Das Autonome Mechatronische Gesamtsystem (AMS) wird dabei in Teilsysteme und –funktionen mit teilmechatronischen Komponenten gegliedert. Die übergeordnete Fahrdynamikregelung bildet eine höherwertige Mechatronische Funktionsgruppe (MFG), die eine gewünschte kontrollierte Fahrdynamik mit den Zielen Fahrsicherheit und Fahrkomfort bei einem energieeffizienten Gesamtbetrieb realisiert und die Führungsgrößen an die unterlagerten Mechatronischen Funktionsmodule Antrieb, Lenkung und Federung vorgibt. Diese bestehen aus den Aktoren zur Beeinflussung der Längs-, Quer- und Vertikaldynamik und deren lokalen Regelungen.

Ergänzt wird das MFG Fahrdynamikregelung durch die beiden MFG Fahrerassistenzsysteme (FAS) und Energiemanagementsystem (EMS). Das MFG Fahrerassistenzsysteme unterstützt den Fahrer beispielsweise in der Spurführung oder Einhaltung von Sicherheitsabständen und erteilt bei Aktivierung durch den Fahrer der Fahrdynamikregelung Führungsgrößen. Das Energiemanagementsystem überwacht die Energieflüsse im Gesamtsystem und den Akku mit seinen einzelnen Zellen. In kritischen Situationen beschränkt es die Entlade- bzw. Ladeleistung des Akkus. Dazu kommuniziert es mit den anderen MFG.

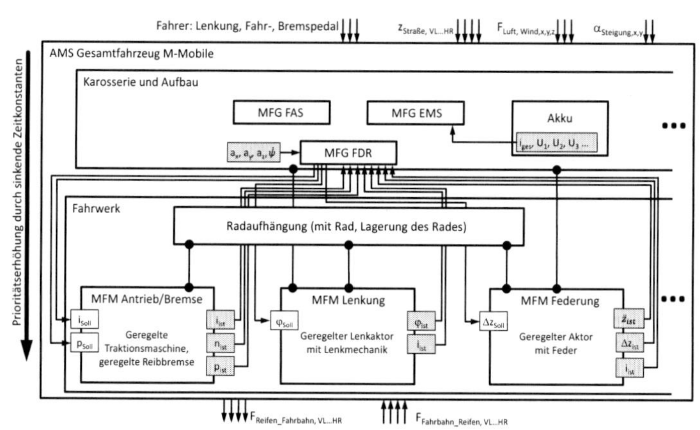

Abbildung 3-9: Struktur des M-Mobiles, reduziert auf ein Radmodul

Über der höchsten Hierarchieebene des Autonomen Mechatronischen Systems (AMS) Gesamtfahrzeug steht der Fahrer, welcher mit seiner Wahrnehmung des Verkehrsgeschehens, seiner Informationsverarbeitung und seinen Entscheidungen an die Stelle der höchsten Hierarchiebene Vernetzter Mechatronischer Systeme (VMS) tritt. Über die Mensch-Maschine-Schnittstelle (MMI) des Fahrers erhalten alle MFG Signale vom Fahrer, geben aber auch Feedback über das Prozessgeschehen. Zu den Stellelementen zählen Fahr-, Bremspedal, Lenkrad und weitere Aktivierungs- und

Parametrierelemente zum Einschalten bzw. Konfigurieren gewünschter Funktionen. Somit entstammen die Führungsgrößen für die Fahrdynamik vom Fahrer bzw. von aktivierten Assistenzsystemen.

Die einzelnen Module verfügen über Schnittstellen in Form physikalischer Schnittstellen wie Kräfte und Momente, aber auch informationstechnischen Kopplungen zu benachbarten Modulen. Diese systematische Betrachtung gewährleistet eine hohe Übersichtlichkeit, was der Beherrschung der Komplexität dient. Mit dem Top-Down-Verfahren werden die Funktionen der einzelnen Module klar dargestellt, wonach der modellbasierte Entwurf separat erfolgen kann. Die frühzeitige Schnittstellenspezifikation unterstützt die Wahl der Hardware- und Softwarearchitektur und auch die Modellbildung und Analyse wesentlich. Neben dem separaten Entwurf einzelner Module kann auch die Inbetriebnahme der Regler modulweise und sukzessiv erfolgen.

3.5 Funktionsträger des M-Mobiles

Auf Basis der Konzeption wurde im Rahmen dieser Arbeit ein Funktionsträger im Maßstab 1:3 entworfen und in Betrieb genommen [Liu10, Liu11]. Der Funktionsträger dient zur messtechnischen Analyse des realen Gesamtsystems unter Echtzeitbedingungen und zur realitätsnahen Verifikation der neuartigen integrierten Fahrdynamikregelung. Im mechatronischen Entwurf bildet der Funktionsträger die Basis zur Identifikation (Kapitel 5) der physikalischen Parameter der theoretisch hergeleiteten Modelle (Kapitel 4) an realen Komponenten. Die identifizierten Modelle sind die Grundlage für die modellbasierte Auslegung der lokalen und globalen Regelung (Kapitel 6). Die entworfenen hierarchischen Regelstrukturen werden am Funktionsträger implementiert und unter Echtzeitbedingungen messtechnisch analysiert (Kapitel 7). Des Weiteren können grundlegende Untersuchungen zu Aktorik und Sensorik des M-Mobiles am Funktionsträger durchgeführt werden.

Abbildung 3-10 stellt die Realisierung des gesamten Funktionsträgers mit seiner Mechanik, Elektronik, Informationsverarbeitung und dem Energiespeicher dar.

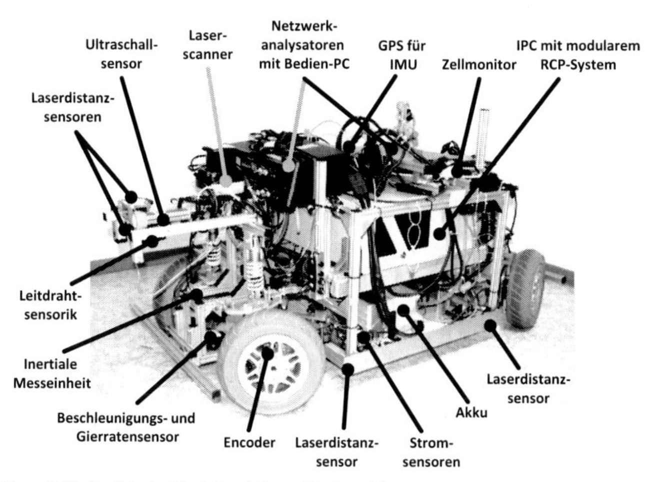

Abbildung 3-10: Realisierter Funktionsträger mit seinen Komponenten

Mit der Informationsverarbeitung werden die für die Regelalgorithmen notwendigen Sensorinformationen über Schnittstellen eingelesen, mit den Regelfunktionen verarbeitet und die Stellsignale an die Leistungssteller der MFM ausgegeben.

Zur Erfassung der räumlichen Fahrzeugaufbaubewegung wird eine 3D-inertiale Messeinheit in MEMS-Technik der Fa. Microstrain 3DM-GX3-45 verwendet [Mic13], dessen gefilterte Signale über die serielle RS232-Schnittstelle von der Echtzeitinformationsverarbeitung des Funktionsträgers eingelesen werden. Für die entworfene Fahrdynamikregelung wird ein konventioneller, kostengünstiger Sensor der Fahrzeugindustrie auf MEMS-Basis verwendet [Bos10]. Mit der Bereitstellung der Längs-, Querbeschleunigung und Gierrate liefert dieser Sensor alle notwendigen Signale für die Regelung. Die gefilterten Messwerte werden über den CAN-Bus übermittelt.

Für Fahrerassistenzfunktionen werden die Abstandsdaten des vorderen Fahrzeugumfelds mit einem 2D-Laserscanner [Pep13] erfasst und mit einer targetnahen Prototyping-Hardware ausgewertet. Die daraus abgeleiteten notwendigen Informationen werden den Regelalgorithmen auf dem dSPACE-System des Funktionsträgers zur Verfügung gestellt. Der Nahbereich wird mittels Ultraschallsensoren überwacht. Für das autonome Parken werden an der Fahrzeugseite zwei Laserdistanzsensoren zur Abstandsmessung eingesetzt. Zur Querführung des Fahrzeugs wird Leitdrahtsensorik verwendet [Göt11]. Die seitlichen Laserdistanzsensoren am Fahrzeugunterboden werden für ein autonomes Parkmanöver verwendet.

Zur Identifikation im Frequenzbereich werden Netzwerkanalysatoren verwendet [Sig10], mit denen die Übertragungsmatrix des konfigurierten Ein-/Ausgangsverhaltens experimentell ermittelt werden kann.

Die einzelnen Komponenten werden nachfolgend in der Beschreibung der Umsetzung der Module MFM Antrieb, MFM Lenkung, MFM Federung, der Radaufhängung, des

Energiespeichers und der Echtzeitinformationsverarbeitung für die globale und lokale Regelung näher erläutert.

MFM Antrieb

Die Fahrleistungsberechnung (Abbildung 3-8) definiert das für die Traktionsmaschinen erforderliche Momenten- und Drehzahlband. Danach erfolgt eine Auswahl und Bewertung von Traktionsmaschinen. Bei der Auswahl eines Antriebs existieren konstruktive Einschränkungen durch den Raddurchmesser, wodurch bei dem Fahrzeugmaßstab von 1:3 eine Vielzahl an Antrieben ausgeschlossen wird. Eine weitere Anforderung an den Antrieb ist ein guter Rundlauf bei sehr kleinen Drehzahlen, da für den Funktionsträger ein häufiger Betrieb in Innenräumen mit langsamen Geschwindigkeiten vorgesehen ist. Entsprechend einer Marktrecherche weisen Direktantriebe für den zu realisierenden Funktionsträger Vorteile in Bauraum und Gewicht gegenüber einstufigen Motor-Getriebe-Kombinationen auf [Böt10]. Wegen der sehr guten Beherrschbarkeit bei kleinsten Drehzahlen, auch ohne hochauflösende Sensorik, wurden bei der Auswahl bürstenbehaftete Gleichstrommaschinen favorisiert. Ausgewählt wurde die durch Permanentmagnete fremderregte Gleichstrommaschine GDM 120 N2 726/0710 der Fa. Baumüller in Axialflussbauweise. Der axiale Magnetfluss gewährleistet eine hohe Leistungsdichte und die eisenlose Wicklung führt zu einer hohen Motorkonstante und wegen der geringen Induktivität zu einer geringen elektrischen Zeitkonstante, wodurch eine hohe Dynamik im Momentenaufbau zustande kommt. Die technischen Daten sind der folgenden Tabelle zu entnehmen.

Tabelle 3.1: Technische Daten der Traktionsmaschine GDM 120 N2 726/0710 [Baum10]

GDM 120 N2 726/0710	
Motortyp	Bürstenbehafteter Gleichstrommotor, Scheibenläufer mit Permanentmagneten
Nennmoment M_{Nenn} in Nm	2
Nenndrehzahl n_{Nenn} in 1/min	2100
Nennleistung P_{Nenn} in W	440
Nennstrom I_{Nenn} in A	10,9
Nennspannung U_{Nenn} in V	48
Gegeninduktion U_{EMF} in V/1000min^{-1}	19,9
Massenträgheit J in kgcm²	3,6
Masse in kg	3

Als Leistungselektronik wird die Vollbrücke mit integriertem Treiber Pololu High-Power Motor Driver 36v20 CS der Fa. Pololu [Pol13] verwendet. Neben einer sehr hohen Effizienz weist dieser Leistungssteller auch eine sehr geringe Totzeit auf, da nicht wie bei alternativen Vollbrücken eine Informationsverarbeitung für Überwachungs- und Schutzfunktionen mit einem nicht deterministischen Totzeitverhalten verwendet wird. Die folgenden Eigenschaften begründen die Entscheidung des gewählten Leistungsstellers:

- Direkte Schnittstelle zum Treiber zur Ansteuerung der highside und lowside MOSFETs. Dadurch direkte Ansteuerung als Hochsetz- bzw. Tiefsetzsteller möglich.

- Hohe Effizienz durch geringen Durchgangswiderstand der MOSFETs und geringe Gatekapazität [Inf13]. Damit kann mit den im Betrieb auftretenden Strömen auf einen passiven Kühlkörper verzichtet werden und die äußerst kompakte Baugröße bleibt erhalten.
- Reduzierung der Verluste durch synchronisierte Gleichrichtung
- Im Mosfettreiber integrierte Schutzfunktionen zur Überwachung insbesondere gegen thermische Überlast

Die direkte Ansteuerung als Hochsetzsteller ermöglicht den rein generatorischen Betrieb beim Verzögern des Fahrzeugs ohne bei geringen Drehzahlen in den Modus des Gegenstrombremsens zu wechseln.

Im konstruktiven Entwurf wurde mit den Direktantrieben eine radnahe Anordnung umgesetzt, da die Lagerung des Motors nicht die hohen Radlasten und wechselnden Reifenseitenkräfte übertragen kann und somit nicht zur Radlagerung vorgesehen ist. Abbildung 3-11 zeigt die erarbeitete Radlagerung, die über eine äußere Hohlwelle erfolgt [Böt10]. Dabei stützen sich die Lager auf der Hohlwelle der Motortragplatte ab, worüber auch die Einleitung in die Radaufhängung erfolgt. Für die gewählte angestellte Lagerung wurden ersatzweise Rillenkugellager ohne Vorspannung verwendet, da die bestimmten Schrägkugellager nicht verfügbar waren. Die Übertragung des Motormoments erfolgt über eine Passfeder auf die innere Antriebshohlwelle, welche das Antriebsmoment reibschlüssig auf das Rad überträgt.

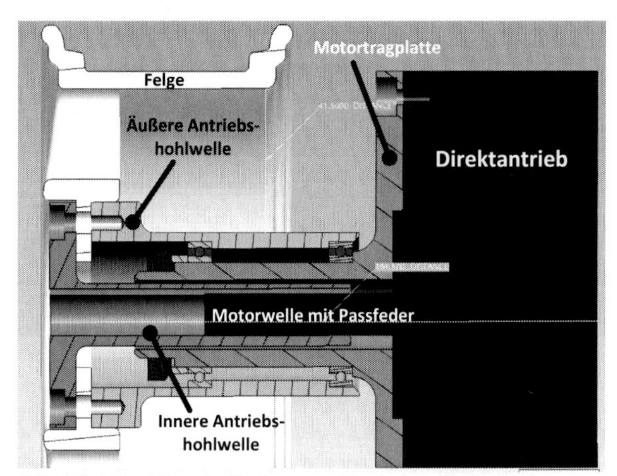

Abbildung 3-11: Schnittdarstellung der Radlagerung mit radnahem Direktantrieb

MFM Lenkung

Zur Erfüllung der Anforderungen mit einer radindividuellen Beeinflussbarkeit der Reifenseitenkräfte und der Vermeidung von Energiewandlungen aus Effizienzgründen wurde als Lenkung ein radindividuelles Steer-by-Wire realisiert.

Die Aufgaben der Lenkung sind das präzise Stellen mit gewünschter kontrollierter Dynamik und das Halten des Spurwinkels auch unter der Wirkung von Störeinflüssen. Demnach sind bei der Dimensionierung der Lenkung Anforderungen an die Kinematik, Dynamik und das stationäre Verhalten zu erfüllen. Mit der umgesetzten Lenkungsgeometrie (Abbildung 3-12) ergibt sich im für die Fahrdynamik interessierenden geringen Winkelbereich eine lineare Lenkübersetzung und ein stellbarer Spurwinkelbereich von deutlich über +/- 45 Grad.

Das MFM Lenkung besteht aus einem elektromechanischen Aktor, einem aktorseitigen und einem radseitigen Spurstangenhebel, der Spurstange und zwei Sensoren zur Messung des Winkels des aktorseitigen Spurstangenhebels und des Aktorstroms.

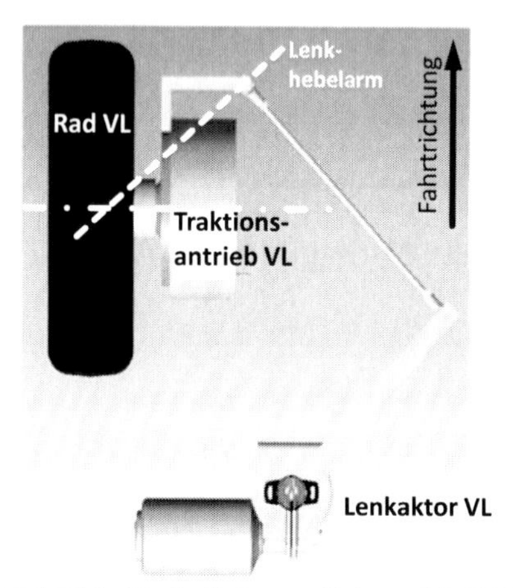

Abbildung 3-12: Lenkmechanik der Einzelradlenkung am Rad vorne links [Böt11]

Herausfordernd bei der konstruktiven Umsetzung der Einzelradlenkungen war die Vermeidung von Kollisionen der Lenkmechanik insbesondere unter dem Einfluss der Aufbaubewegungen. Dazu wurden verschiedene Konzepte analysiert und bewertet [Böt10]. Für den radindividuell geforderten großen Spurwinkelbereich und für einen günstigen Energiefluss wurde eine Lösung mit einer Anordnung der Lenkungen auf vertikal verschiedenen Ebenen realisiert (Abbildung 3-13).

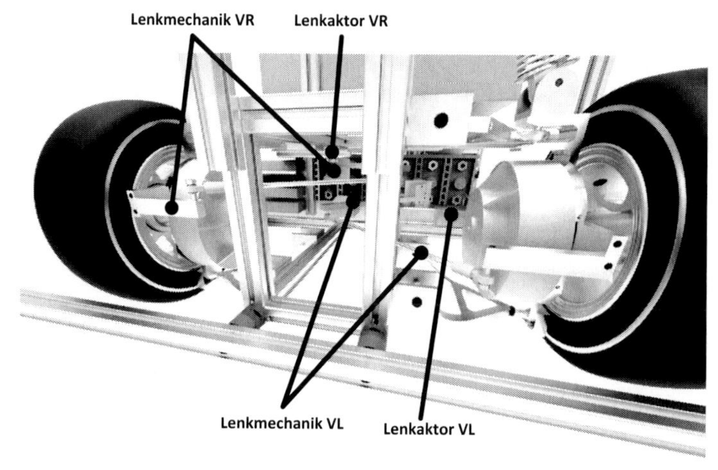

Abbildung 3-13: Anordnung der radindividuellen Lenkungen in zwei vertikalen Ebenen

Aus den abgeschätzten Lenkwiderständen wurde der Aktor Doga 111.9041.30.00 [Dog10] ausgewählt. Dabei handelt es sich um ein selbsthemmendes Schneckenradgetriebe mit einem bürstenbehafteten, durch Permanentmagnete fremderregten Gleichstrommotor. Als Leistungselektronik wird die Vollbrücke Sabertooth dual 25A [Sab10] verwendet, da sie energieeffizient (geringer Durchgangswiderstand der MOSFETs) ist und zwei unabhängige Antriebe versorgen kann.

Radaufhängung

Beim Entwurf der Radaufhängung wurde eine funktionale Entkopplung der Führung des Rades und der Aufbaufederung vorgenommen. Mit dem Konzept einer Doppelquerlenkerradaufhängung wird die Kinematik des Rades unabhängig von der Feder-/ Dämpfereinheit sichergestellt. Mit dieser Lösung kann die zukünftige aktive Feder-/ Dämpfereinheit des MFM Federung vollkommen zur Erfüllung der Hauptfunktion entworfen werden.

Für ein sicheres Fahrverhalten soll bereits das passive Fahrzeug im Grenzbereich ein untersteuerndes Eigenlenkverhalten aufweisen. Erzielt wird dies durch eine leicht vorderachslastige Massenverteilung, einen tieferen Wankpol an der Vorderachse gegenüber der Hinterachse und eine steifere Federung der Vorderachse. Diese Maßnahmen bedürfen einen höheren Schräglaufwinkelbedarf an der Vorderachse und begünstigen ein untersteuerndes Verhalten.

Für eine komfortable Aufbaubewegung mit geringen Nick- und Wankwinkeln wurde durch gezielte Verteilung der schweren Massen im Fahrzeugboden die vertikale Schwerpunktlage möglichst niedrig gehalten.

MFM Federung

Bei Fertigstellung der Arbeit wurde im Rahmen des Projekts entschieden, dass der Funktionsträger keine aktive Federung erhält. Folglich wurde im Funktionsträger ein konventionelles passives Feder-Dämpfer-System mit Fokus auf geringe Radlastschwankungen realisiert. Dabei wurde die Aufbaufederung an der Hinterachse steifer ausgelegt, um bei einer Achslastverteilung von nahezu 50:50 ein untersteuerndes Eigenlenkverhalten zu begünstigen.

Energiespeicher

Aus der Anforderung einer sicheren Zellchemie wurde ein Akku mit der Zellchemie Lithium-Eisenphosphat ($LiFePO_4$) gewählt. Hierfür wurden Zellen des Herstellers Winston gewählt. Neben einer hohen Zuverlässigkeit und Zyklenfestigkeit weisen diese auch einen geringen Innenwiderstand und äußerst gute Tieftemperatureigenschaften auf. Zudem befürworten die gute Verfügbarkeit und die geringen Zellkosten von die Entscheidung.

Für die geforderten Fahrleistungen in Verbindung mit den verwendeten Direktantrieben wurde eine Antriebsstrangspannung von 25,6 V mit 8 in Reihe geschalteten Zellen bestimmt. Die Dimensionierung der Kapazität erfolgte durch Simulation des Energiebedarfs mit einer anschließenden experimentellen Verifikation mittels vorhandener AGM-Batterien. Neben der geforderten Hochstromfestigkeit bei Maximalbeschleunigung wird ein Fahrbetrieb für fahrdynamische Manöver bzw. zur Erprobung von Fahrerassistenzsystemen von 1,5 Std. gefordert. Aus den Simulationsergebnissen und der experimentellen Verifikation fiel die Entscheidung auf die 40 Ah Zelle WB-LYP40AHA [Win10]. Somit weist der Akku einen Energiegehalt von 1 kWh auf. Das Package wurde im Funktionsträger mit der Möglichkeit zur Beeinflussung der Achslastverteilung implementiert.

Als Batteriemanagementsystem wird eine Eigenentwicklung der Fachgruppe verwendet [Die13], die gegenwärtig sukzessiv erprobt wird. Die Motivation zu dieser Eigenentwicklung lag in den zu geringen Balancerströmen bei verfügbaren Systemen und die unzureichende Schätzung der Ladungsmenge (SoC), insbesondere bei Lithium-Eisenphosphat-Akkus, die über eine sehr flache Spannungskennlinie verfügen. Alternativ zum in der Fachgruppe entwickelten BMS, das ein passives Balancen mit hohen Strömen beim Ladevorgang ermöglicht, wird ein Zellmonitor zur Überwachung der einzelnen Zellspannungen verwendet, der auch den Ladevorgang steuert. Diese Lösung ermöglicht zwar die sichere Verwendung des Akkus, führt aber auf Dauer zum Driften der einzelnen Zellen und damit zur Einschränkung der nutzbaren Kapazität.

Informationsverarbeitung

Die informationstechnischen Schnittstellen auf den Hierarchieebenen zeigt Abbildung 3-14. Zur Verarbeitung und Generierung der Sensor- und Stellsignale ist eine leistungsfähige Hardware notwendig, die hinreichend harte Echtzeitbedingungen erfüllt. Dafür wird ein modulares RCP-System der Fa. dSPACE mit dem Signalprozessorboard DS 1005 PPC und Peripherieboards verwendet. Diese Konfiguration erlaubt eine schnelle und einfache Realisierung von Regelalgorithmen und gewährleistet die Erweiterbarkeit um Schnittstellen für zukünftige Funktionen. Als Peripherieboards werden das DS2003 A/D-Board, DS2103 D/A-Board, DS4002 Timing und DIO-Board, DS3002 Encoder-Board, DS4201 RS232/RS422-Interface und DS4302 CAN-Interface verwendet.

Über das A/D-Board werden die Ströme der vier Traktionsantriebe und der vier Lenkaktoren und der Batteriestrom erfasst. Weiterhin werden die vier Sensorpotentiometer zur Ermittlung der Spurwinkel eingelesen. Als Stellsignale für die vier Traktionsmaschinen werden je zwei PWM-Signale für die highside und lowside MOSFETs und ein digitales Signal für die Drehrichtung ausgegeben. Die Leistungelektronik der Lenkung erhält ein analoges Ausgangssignal als Stellsignal der Vollbrücke. Eine interne Informationsverarbeitung der Leistungselektronik generiert daraus die PWM-Signale für den MOSFET-Treiber. Die Erfassung der Raddrehzahlen erfolgt über vier digitale Encoder.

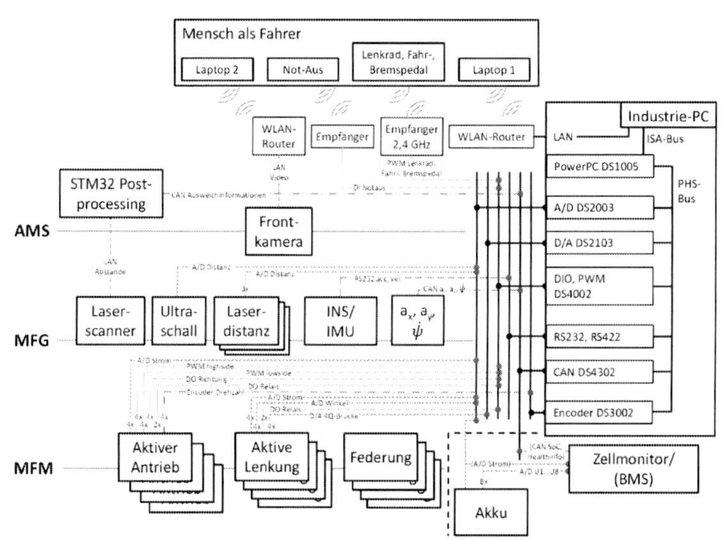

Abbildung 3-14: Hardwarestrukturierung der Informationsverarbeitung

Abbildung 3-14 stellt darüber hinaus die Mensch-Maschine-Schnittstellen dar. Zur Steuerung des Prozesses existieren hierbei vier Konfigurationsmöglichkeiten:

- Der Fahrer steuert das Fahrmanöver von extern über Laptop 1. Die Datenübertragung erfolgt drahtlos per Remoteverbindung mit dem Industrie-PC. Mit dieser Konfiguration können objektive Fahrmanöver gesteuert werden.
- Der Fahrer steuert das Fahrzeug extern mit Lenkrad, Fahr- und Bremspedal. Ein Feedback von der Straße erhält er per Online-Videoübertragung mittels WLAN. Die Führungsgrößen werden über ein 2,4 GHz Funknetz latenzarm an den Empfänger übertragen und als PWM-Signale eingelesen.

- Anstelle eines Lenkrads und Pedallerie kann das Fahrzeug für ein zeitsparendes Manövrieren per RC-Funkfernsteuerung betrieben werden.
- Ein autonomer Betrieb ohne Fahrer auf Basis der Abstandsdaten zur Fahrzeugumgebung ist ebenso möglich. Auf diese Weise wurden bereits ein autonomes Parkmanöver [Han13] und eine Spurführung mit Abstandsregelung und Ausweichmanöver vor einem Hindernis exemplarisch realisiert [Chen12, Ma13].

Somit erlauben diese Konfigurationsmöglichkeiten einen konventionellen Betrieb und können ausgebaut werden bis hin zum vollautonomen Betrieb.

Neben den üblichen Führungssignalen zum Beschleunigen bzw. Verzögern existiert eine redundante Notaus-Funktion, die sowohl über Laptop 1 per Software ausgelöst werden kann als auch über ein Funknetz in einem anderen Frequenzbereich. Bei Auslösung wird eine Vollbremsung eingeleitet, für die ein definierter Zeitrahmen zur Verfügung steht. Nach Ablauf dieser Zeit werden sämtliche Aktoren elektromechanisch freigeschaltet.

Neben der leistungsstarken RCP-Hardware der Fa. dSPACE wird alternativ auch ein eigenentwickeltes Steuergerät (ECU) auf Basis des Target-Prototyping Systems FiOBoard der Fa. Aimagin verwendet [Aim12]. Dieses basiert auf dem 32 Bit Microcontroller STM32 und wurde um notwendige Peripheriebeschaltung erweitert. Mit dieser kostengünstigen Lösung des Steuergeräts bleibt auch die Möglichkeit einer einfachen Realisierung zukünftiger Funktionen erhalten. Abbildung 3-15 zeigt die Umsetzung für einen Alternativbetrieb mit den ECUs. Aufgrund der begrenzten Anzahl von I/Os werden zwei Steuergeräte für die Achsen verwendet (ECU VA, ECU HA), die über Adapterkabel auf die fahrzeugseitig vorhandenen Steckverbindungen zugreifen.

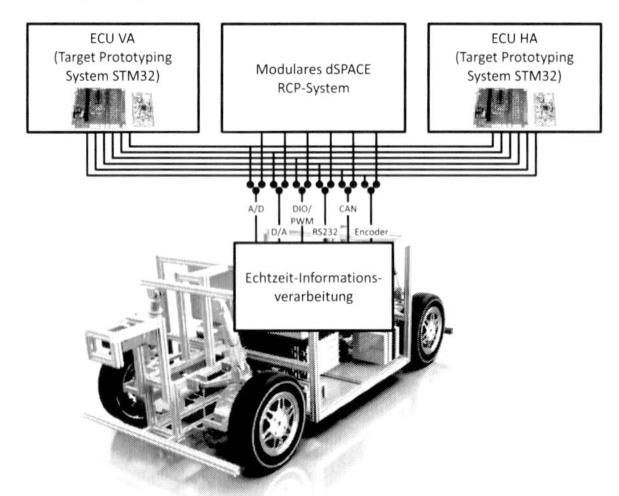

Abbildung 3-15: Anbindung modulare RCP-Hardware oder Target-Prototyping System

4 Modellbildung

Mathematische Ersatzmodelle sind die Grundlage in der modellbasierten Entwicklung. In einem durchgängigen Entwicklungsprozess werden diese Modelle von Beginn an zur Analyse, Synthese und zum Test mittels MiL, SiL und HiL verwendet.

Bei der Modellbildung ist zunächst eine geeignete Reduktion des realen Systems gemäß den Anforderungen an das Modell und den Systemkenntnissen vorzunehmen. Die anzusetzende Modellstruktur als auch die Modellierungstiefe sind dabei wesentlich.

Im Rahmen der vorliegenden Arbeit sind Modelle für verschiedene Untersuchungszwecke entwickelt worden. Zur Analyse und Verifikation des Gesamtsystemverhaltens wurde ein Gesamtfahrzeug als nichtlineares MKS-Modell ganzheitlich nach Funktionsprinzipien entwickelt, welches für eine HiL-Anwendung echtzeitfähig ist. Das Gesamtfahrzeugmodell umfasst das kinematische, statische und dynamische Verhalten des Fahrzeugs mit seinen Teilsystemen MFM Antrieb, MFM Lenkung und den Energiespeicher.

Im Folgenden wird zunächst die Modellstruktur des Gesamtfahrzeugmodells erläutert. Sodann werden die Kinematik, die Dynamik, das verwendete Reifenmodell und die Teilmodelle der MFM als Bestandteile des Gesamtmodells beschrieben. Die Kinematik repräsentiert dabei die Bewegungsmöglichkeiten des Systems, die Dynamik beschreibt das Bewegungsverhalten unter dem Einfluss von Kräften und Momenten. Weiterhin sind das Modell des Energiespeichers und das Einspurmodell, welches zur Identifikation der Querdynamik und zur Synthese der Fahrdynamikregelung verwendet wird, Inhalte dieses Kapitels.

4.1 Modellstruktur des Gesamtfahrzeugs

Die Modellstruktur des AMS M-Mobile stellt Abbildung 4-1 dar. Das Gesamtmodell gliedert sich in den Fahrzeugaufbau und die daran gekoppelten Radmodule, die jeweils das MFM Antrieb, MFM Lenkung, MFM Federung und den Reifen integrieren. Die Modellkomponente Fahrzeugaufbau bildet das räumliche Bewegungsverhalten des Fahrzeugs ab. Dazu erhält es die im Reifen-Fahrbahn-Kontakt verursachten Kräfte von den Modellkomponenten der einzelnen Räder, die auch ein Reifenmodell enthalten, welches die Wechselwirkungen von Reifenumfangs- und Reifenseitenkraft berücksichtigt. Das dynamische Verhalten von Antrieb, Lenkung und der aktiven Federung wird durch die Teilmodelle der entsprechenden MFMs repräsentiert.

Entsprechend einer ganzheitlichen Betrachtungsweise bildet das Modell auch das Verhalten der Sensorik, Informationsverarbeitung und Aktorik ab. Weiterhin ist auch der Akku als Energiespeicher für die Aktorik Bestandteil des Gesamtmodells.

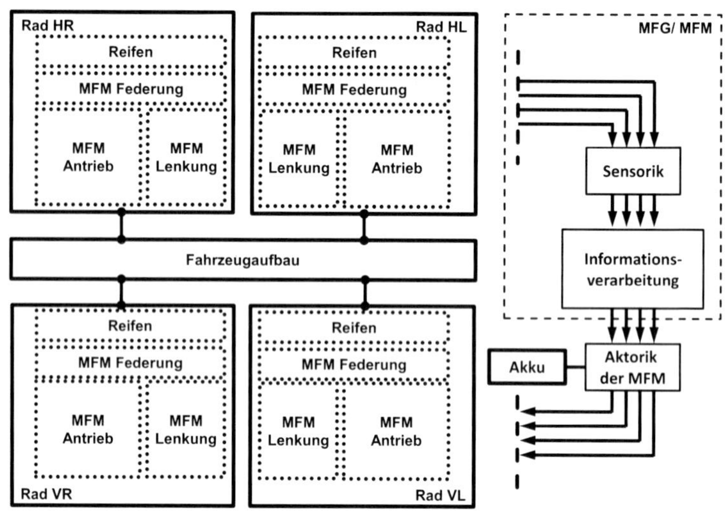

Abbildung 4-1: Modellstruktur des AMS M-Mobile

4.2 Fahrzeugmodell

Abbildung 4-2 stellt das physikalische Ersatzmodell des Gesamtfahrzeugs mit den exemplarisch am Rad vorne links zugehörigen MFM dar. Zur Beschreibung der Kinematik und Dynamik der räumlichen Fahrzeugbewegung wird das Gesamtfahrzeug auf fünf Massen, bestehend aus der Aufbau- und den vier ungefederten Radmassen, reduziert. Diese sind über Feder-Dämpfer-Elemente mit dem Fahrzeugaufbau gekoppelt. Der Fahrzeugaufbau weist sechs Freiheitsgrade (x_{Fzg}, y_{Fzg}, z_{Fzg}, φ_{Fzg}, θ_{Fzg}, ψ_{Fzg}) auf, die Radmassen sind jeweils auf die drei Freiheitsgrade Hub-, Roll-, Lenkbewegung ($z_{Rad,i}$, $\theta_{Rad,i}$, $\delta_{Rad,i}$) beschränkt. Als Basis zur Beschreibung der räumlichen Fahrzeugbewegung wird das räumliche Zweispurmodell ohne Achskinematik nach [Schra10] verwendet.

Die gewählte Modellierungstiefe bildet das nichtlineare Fahrverhalten ab, weist jedoch aufgrund der vereinfachten Abbildung der Radaufhängungskinematik, insbesondere mit der Vernachlässigung des Radsturzes, Einschränkungen im fahrdynamischen Grenzbereich auf. Für die vorgesehene Anwendung zur Analyse und Verifikation des Fahrverhaltens wird diese Modellierungstiefe jedoch als hinreichend erachtet.

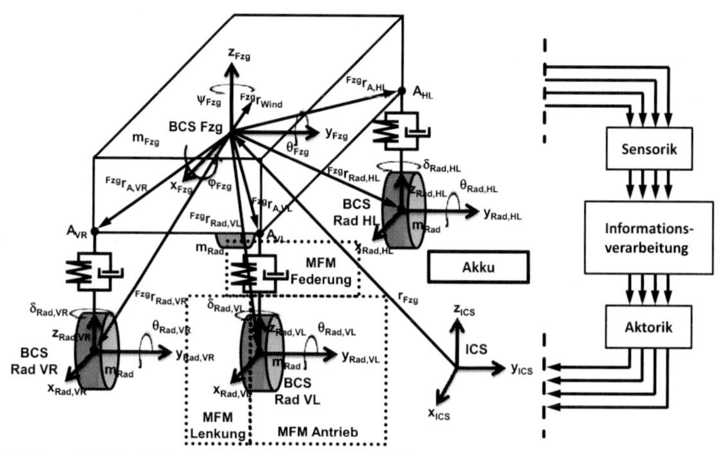

Abbildung 4-2: Physikalisches Ersatzmodell des Gesamtfahrzeugs

4.2.1 Kinematik

Zur Beschreibung der Kinematik werden geeignete Koordinatensysteme benötigt. Als Bezugssystem wird das ortsfeste Inertialkoordinatensystem ICS (Inertia Coordinate System), welches auf der Straßenoberfläche angeordnet ist, gewählt. Im Schwerpunkt der Starrkörper werden körperfeste Koordinatensysteme BCS (Body Coordinate System) angeordnet. Alle Koordinatensysteme entsprechen kartesischen Rechtskoordinatensystemen. Die Koordinatensysteme der einzelnen Massen und die Ortsvektoren der Radaufhängung und des Luftangriffspunkts sind in Abbildung 4-2 dargestellt.

Anhand von Koordinatentransformationen werden die kinematischen Größen des Mehrkörpersystems, bezogen auf das Inertialsystem, berechnet. Mit folgender Transformationsmatrix erfolgt die Berechnung vom fahrzeugfesten Koordinatensystem ins Inertialsystem (Winkelsystem Kardan):

$$
{}^{ICS}\underline{\underline{T}}_{Fzg} =
$$

$$
\begin{bmatrix} c\theta_{Fzg} \cdot c\psi_{Fzg} & s\varphi_{Fzg} \cdot s\theta_{Fzg} \cdot c\psi_{Fzg} - c\varphi_{Fzg} \cdot s\psi_{Fzg} & c\varphi_{Fzg} \cdot s\theta_{Fzg} \cdot c\psi_{Fzg} + s\varphi_{Fzg} \cdot s\psi_{Fzg} \\ c\theta_{Fzg} \cdot s\psi_{Fzg} & s\varphi_{Fzg} \cdot s\theta_{Fzg} \cdot s\psi_{Fzg} + c\varphi_{Fzg} \cdot c\psi_{Fzg} & c\varphi_{Fzg} \cdot s\theta_{Fzg} \cdot s\psi_{Fzg} - s\varphi_{Fzg} \cdot c\psi_{Fzg} \\ -s\theta_{Fzg} & s\varphi_{Fzg} \cdot c\theta_{Fzg} & c\varphi_{Fzg} \cdot c\theta_{Fzg} \end{bmatrix} \quad (4.1)
$$

wobei s und c als Abkürzung für Sinus und Cosinus stehen.

Für die Bestimmung der Reifenkräfte sind die Geschwindigkeiten des Rades im radfesten Koordinatensystem notwendig. Die Geschwindigkeit der Radaufstandspunkte ergibt sich im fahrzeugfesten Koordinatensystem zu:

$$^{Fzg}\underline{v}_{Rad,i} = {}^{Fzg}\underline{v}_{Fzg} + {}^{Fzg}\underline{\omega}_{Fzg} \times {}^{Fzg}\underline{r}_{Rad,i} + {}^{Fzg}\underline{\underline{T}}_{ICS} \begin{bmatrix} 0 \\ 0 \\ -\left(\dot{z}_{Fzg,i} - \dot{z}_{Rad,i}\right) \end{bmatrix} \tag{4.2}$$

Zur Bestimmung des Reifenschlupfs sind die Geschwindigkeiten im radfesten Koordinatensystem erforderlich, die mit den folgenden Gleichungen und Transformationsmatrizen berechnet werden:

$$^{Rad\,i}\underline{v}_{Rad,i} = {}^{Rad\,i}\underline{\underline{T}}_{Fzg} \cdot {}^{Fzg}\underline{v}_{Rad,i} \tag{4.3}$$

$$^{Rad\,i}\underline{\underline{T}}_{Fzg} =$$

$$\begin{bmatrix} c\delta_i \cdot c\theta_{Fzg} & s\varphi_{Fzg} \cdot s\theta_{Fzg} \cdot c\delta_i + c\varphi_{Fzg} \cdot s\delta_i & c\varphi_{Fzg} \cdot s\theta_{Fzg} \cdot c\delta_i - s\varphi_{Fzg} \cdot s\delta_i \\ -s\delta_i \cdot c\theta_{Fzg} & -s\varphi_{Fzg} \cdot s\theta_{Fzg} \cdot s\delta_i + c\varphi_{Fzg} \cdot c\delta_i & -c\varphi_{Fzg} \cdot s\theta_{Fzg} \cdot s\delta_i - s\varphi_{Fzg} \cdot c\delta_i \\ -s\theta_{Fzg} & s\varphi_{Fzg} \cdot c\theta_{Fzg} & c\varphi_{Fzg} \cdot c\theta_{Fzg} \end{bmatrix} \tag{4.4}$$

Mit den kinematischen Kardangleichungen ergibt sich die Winkelgeschwindigkeit des Fahrzeugaufbaus bezogen auf das Inertialsystem und dargestellt in Koordinaten des fahrzeugfesten Koordinatensystems:

$$^{ICS}\underline{\omega}_{Fzg} = \begin{bmatrix} \omega_{Fzg,x} \\ \omega_{Fzg,y} \\ \omega_{Fzg,z} \end{bmatrix} = \underline{\underline{T}}_{\omega} \cdot \begin{bmatrix} \dot{\psi}_{Fzg} \\ \dot{\theta}_{Fzg} \\ \dot{\varphi}_{Fzg} \end{bmatrix} \tag{4.5}$$

mit der Matrix $\underline{\underline{T}}_{\omega}$:

$$\underline{\underline{T}}_{\omega} = \begin{bmatrix} -s\theta_{Fzg} & 0 & 1 \\ c\theta_{Fzg} \cdot s\varphi_{Fzg} & c\varphi_{Fzg} & 0 \\ c\theta_{Fzg} \cdot c\varphi_{Fzg} & -s\varphi_{Fzg} & 0 \end{bmatrix} \tag{4.6}$$

Da die Sensorik der Fahrdynamik nicht immer im Fahrzeugschwerpunkt verbaut ist, ist der Einfluss der Sensorposition durch Kinematikfunktionen zu berücksichtigen. Für die Geschwindigkeiten und Beschleunigungen gilt mit dem Abstandsvektor vom Schwerpunkt zum Sensor $\underline{r}_{Mess\_SP}$:

$$^{Fzg}\underline{v}_{Mess} = {}^{Fzg}\underline{v}_{SP} + {}^{Fzg}\underline{\omega}_{SP} \times \underline{r}_{Mess\_SP} \tag{4.7}$$

$$^{Fzg}\underline{a}_{Mess} = {}^{Fzg}\underline{a}_{SP} + {}^{Fzg}\underline{\dot{\omega}}_{SP} \times \underline{r}_{Mess\_SP} + {}^{Fzg}\underline{\omega}_{SP} \times \left({}^{Fzg}\underline{\omega}_{SP} \times \underline{r}_{Mess\_SP}\right) \tag{4.8}$$

4.2.2 Dynamik

Entsprechend dem physikalischen Ersatzmodell werden die am Fahrzeugaufbau und an den Rädern ausgeübten Kräfte in Abbildung 4-3 dargestellt. Gemäß der physikalischen Modellstruktur wird die Kraftanalyse an jedem Koppelpunkt der Räder A_{VL}, A_{VR}, A_{HL} und A_{HR}, und am Luftangriffspunkt A_{Wind} durchgeführt. Jeweils am Koppelpunkt der Räder wirken die vertikale Kraft der Feder-Dämpfer-Einheit $F_{z,i}$, und die horizontalen

Reaktionskräfte aus dem Reifen-Fahrbahn-Kontakt $F_{x,i}$, $F_{y,i}$. Am Druckpunkt wirken die Luftkräfte aus Fahrt- und Seitenwind $F_{x,Wind}$ und $F_{y,Wind}$.

Mit der Gravitationskraft $\underline{F}_G$ lautet der Impulssatz für den Fahrzeugaufbau:

$$m_{Fzg} \cdot {}^{Fzg}\ddot{\underline{r}}_{Fzg} = \underline{F}_i + \underline{F}_G + \underline{F}_W \tag{4.9}$$

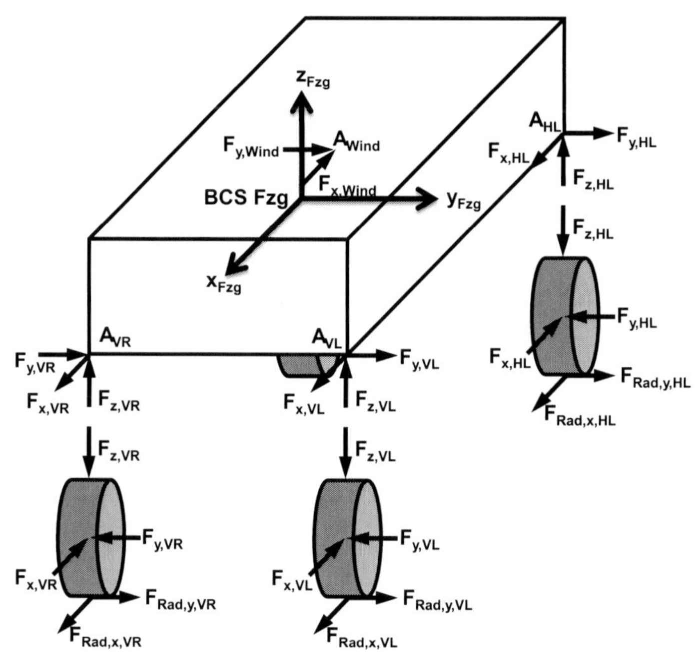

Abbildung 4-3: Kraftanalyse Fahrzeugmodell

Der Drallsatz des Fahrzeugaufbaus bezogen auf dessen Schwerpunkt lautet mit der Trägheitsmatrix Θ_{Fzg} im fahrzeugfesten Koordinatensystem:

$$\begin{aligned} &\underline{\underline{\Theta}}_{Fzg} \cdot {}^{Fzg}\dot{\underline{\omega}}_{Fzg} + {}^{Fzg}\underline{\omega}_{Fzg} \times \left(\underline{\underline{\Theta}}_{Fzg} \cdot {}^{Fzg}\underline{\omega}_{Fzg}\right) = \\ &{}^{Fzg}\underline{r}_{A,VL} \times \underline{F}_{VL} + {}^{Fzg}\underline{r}_{A,VR} \times \underline{F}_{VR} + {}^{Fzg}\underline{r}_{A,HL} \times \underline{F}_{HL} + {}^{Fzg}\underline{r}_{A,HR} \times \underline{F}_{HR} + \\ &{}^{Fzg}\underline{r}_W \times \underline{F}_W \end{aligned} \tag{4.10}$$

Als Schnittstelle zum MFM Antrieb dient das Antriebs- bzw. Bremsmoment am Rad. Dieses wird von dessen Aktorik erzeugt und bewirkt einen Reifenumfangsschlupf, der zum Aufbau von Reifenumfangskräften notwendig ist. Die Schnittstelle zum MFM Lenkung ist der Spurwinkel des jeweiligen Rades. Gemäß der Kinematik beeinflusst dieser den Schräglaufwinkel des Rades und damit den Querschlupf, der zur Erzeugung von Reifenseitenkräften erforderlich ist. Mit diesen Schnittstellen ist die Dynamik der MFM mit dem Fahrzeugverhalten zu einem Gesamtfahrzeugmodell verkoppelt.

Die Dynamik der Radmodule wird in Abschnitt 4.3.1 und 4.3.2 beschrieben.

4.2.3 Reifen

Das Reifenmodell bildet die Horizontalkräfte aus dem Reifen-Fahrbahn-Kontakt ab. Als Anforderung zur Auswahl einer geeigneten Modellierungstiefe ist die hinreichende Abbildung des Verhaltens unter großen Schräglaufwinkeln und kombinierten Schlupf notwendig. Auf diese Weise lassen sich die Wechselwirkungen in der Längs- und Querdynamik abbilden. Ebenso ist zur Abbildung der nichtlinearen Fahrzeugquerdynamik das degressive Radlastverhalten im Reifenmodell zu berücksichtigen. Als weitere Anforderung ist eine Invertierbarkeit des Reifenmodells für die Stellgrößenverteilung der Fahrdynamikregelung erforderlich.

Entsprechend der Anforderungen wurde ein vereinfachtes Magic-Formula-Reifenmodell (MF-Tyre) zur Abbildung der horizontalen Reifenkräfte verwendet.

Mit dem vereinfachten MF-Tyre lauten die Horizontalkräfte im Latsch [Ore07, Pac07, Schra10]:

$$\underline{F}_{MF,i} = \begin{bmatrix} F_{MF,x,i} \\ F_{MF,y,i} \end{bmatrix} = F_{z,eff,i} \cdot \begin{bmatrix} \mu_{x,i} \cdot \sin\left(c_{x,i} \cdot \arctan\left(b_{x,i} \cdot \dfrac{s_{ges,i}}{\mu_{x,i}} \right)\right) \\ \mu_{y,i} \cdot \sin\left(c_{y,i} \cdot \arctan\left(b_{y,i} \cdot \dfrac{s_{ges,i}}{\mu_{y,i}} \right)\right) \end{bmatrix} \tag{4.11}$$

Wobei der mit steigender Radlast degressive Einfluss mit einem linear-quadratischen Ansatz berücksichtigt wird:

$$F_{z,eff,i} = F_{z,i} \cdot \left(1 + e_{z,i} - e_{z,i} \cdot \left(\frac{F_{z,i}}{F_{z0,i}} \right)^2 \right) \tag{4.12}$$

Mit dem Umfangs- und Querschlupf ergeben sich die stationären Reifenkräfte:

$$\underline{F}_{\mathrm{Reifen},stat,i} = \begin{bmatrix} F_{\mathrm{Reifen},x,stat,i} \\ F_{\mathrm{Reifen},y,stat,i} \end{bmatrix} = \frac{1}{s_{ges,i}} \cdot \begin{bmatrix} s_{x,i} \cdot F_{MF,x,stat,i} \\ \tan\alpha_i \cdot F_{MF,y,stat,i} \end{bmatrix} \tag{4.13}$$

Wobei der Gesamtschlupf der Resultierenden aus Umfangs- und Querschlupf entspricht:

$$s_{ges,i} = \sqrt{s_{x,i}^2 + \tan^2 \alpha_i} \tag{4.14}$$

Für die Dynamik des Reifenkraftaufbaus, was als Einlaufverhalten bezeichnet wird, wird vereinfacht ein PT_1-Verhalten angenommen [Schra10, Mit04]. Als gute Annäherung wird die Zeitkonstante so bestimmt, dass die Einlauflänge bis zum vollständigen Kraftaufbau 2/3 des Radumfangs entspricht [Wan93]:

$$T_{Reifen,i} \approx \frac{r_{dyn,i} \cdot 2 \cdot \pi}{v_{Reifen,x}} \cdot \frac{2}{3} \tag{4.15}$$

$v_{Reifen,x}$ entspricht dabei der Horizontalgeschwindigkeit des Reifens in seiner Längsrichtung. Gemäß [Zom02] wird bei hohen Geschwindigkeiten für die Zeitkonstante eine untere Grenze von 0,02 s gesetzt, die durch die Massenträgheit des Reifens begründet wird.

Das kombinierte Verhalten des Reifens bei unterschiedlichen Schräglaufwinkeln α in Abhängigkeit des Umfangsschlupfs und bezogen auf die statische Radlast F_{z0} zeigt Abbildung 4-4.

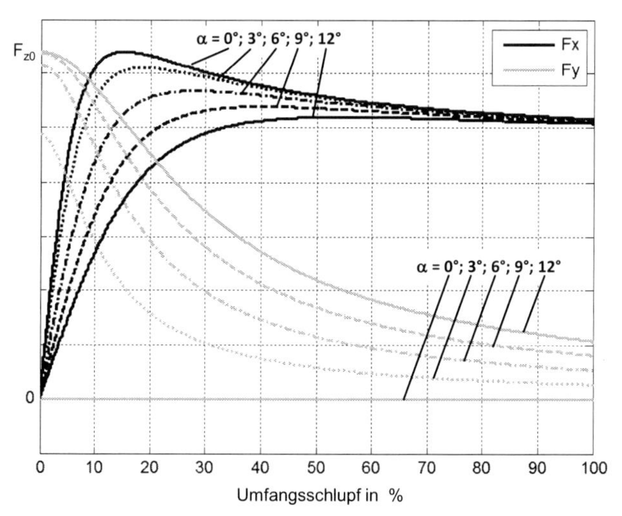

Abbildung 4-4: Reifenhorizontalkräfte unter Schlupf und Schräglaufwinkel

Die Beschränkung der Reifenseitenkraft F_y unter der Wirkung von Umfangsschlupf ist in Abbildung 4-4 sehr deutlich zu erkennen. Ebenso ist die Reduzierung des Extremums in der Umfangskraft beim Übergang vom stabilen zum instabilen Bereich mit zunehmendem Schräglaufwinkel vom gewählten Reifenmodell abgebildet. Mit steigendem Schräglaufwinkel verschiebt sich das Extremum der Umfangskraft hin zu höheren Umfangsschlupfwerten und es ist weniger stark ausgeprägt.

Für die Stellgrößenverteilung ist die Invertierung des Reifenmodells notwendig, um für die geforderten Reifenumfangs- und Reifenseitenkräfte den erforderlichen Schlupf und Schräglaufwinkel zu bestimmen. [Ore07] zeigt das invertierte Modell auf:

$$\begin{bmatrix} s_{x,i} \\ \tan\alpha_i \end{bmatrix} = \begin{bmatrix} \frac{\mu_{x,i}}{b_{x,i}} \cdot \tan\left(\frac{1}{c_{x,i}} \cdot \arcsin \frac{\left| \underline{F}_{\text{Reifen},stat,i} \right|}{F_{z,eff,i}} \right) \cdot F_{\text{Reifen},x,stat,i} \\ \frac{\mu_{y,i}}{b_{y,i}} \cdot \tan\left(\frac{1}{c_{y,i}} \cdot \arcsin \frac{\left| \underline{F}_{\text{Reifen},stat,i} \right|}{F_{z,eff,i}} \right) \cdot F_{\text{Reifen},y,stat,i} \end{bmatrix} \cdot \frac{1}{\left| \underline{F}_{\text{Reifen},stat,i} \right|} \tag{4.16}$$

4.2.4 Einspurmodell

Zur Identifikation der Fahrzeugquerdynamik wird das Einspurmodell nach Riekert und Schunck [Rie40] verwendet. Es bildet den linearen Bereich der Fahrzeugquerdynamik hinreichend ab und liefert die notwendigen Systemparameter für die Querdynamikregelung (Unterkapitel 6.2.2). Im Anhang wird das Einspurmodell hergeleitet (Unterkapitel *9.1*), dessen Übertragungsmatrix wie folgt bestimmt wird:

$$\begin{aligned} \underline{\underline{G}}_{ESM} &= \underline{\underline{C}}_{ESM} \cdot \left(s \cdot \underline{\underline{E}} - \underline{\underline{A}}_{ESM} \right)^{-1} \cdot \underline{B}_{ESM} \\ \underline{\underline{G}}_{ESM} &= \begin{bmatrix} G_{\beta\_\delta} \\ G_{\dot{\psi}\_\delta} \end{bmatrix} \end{aligned} \tag{4.17}$$

Die Teilübertragungsfunktionen beschreiben das Übertragungsverhalten vom Spurwinkel der Vorderachse zum Schwimmwinkel bzw. zur Gierrate. Diese lauten im einzelnen [Schi07]:

$$G_{\beta\_\delta} = \frac{\beta(s)}{\delta(s)} = K_\beta \frac{1 + T_\beta s}{1 + \frac{2D_{ESM}}{\omega_{0,ESM}} s + \frac{1}{\omega_{0,ESM}^2} s^2} \tag{4.18}$$

$$G_{\dot{\psi}\_\delta} = \frac{\dot{\psi}(s)}{\delta(s)} = K_{\dot{\psi}} \frac{1 + T_{\dot{\psi}} s}{1 + \frac{2D_{ESM}}{\omega_{0,ESM}} s + \frac{1}{\omega_{0,ESM}^2} s^2} \tag{4.19}$$

mit:

$$\omega_{0,ESM} = \sqrt{\frac{m \cdot v_x^2 (c_h \cdot l_h - c_v \cdot l_v) + c_v \cdot c_h \cdot l^2}{J_z \cdot m \cdot v_x^2}}$$

$$D_{ESM} = \frac{J_z (c_v + c_h) + m (c_v \cdot l_v^2 + c_h \cdot l_h^2)}{\omega_{0,ESM} \cdot 2 \cdot J_z \cdot m \cdot v_x}$$

$$K_{\dot{\psi}} = \frac{v_x}{l + EG \cdot v_x^2} \qquad T_{\dot{\psi}} = \frac{m \cdot v_x \cdot l_v}{c_h \cdot l}$$

$$K_\beta = \frac{l_h - \frac{l_v \cdot m}{l \cdot c_h} \cdot v_x^2}{l + EG \cdot v_x^2} \qquad T_\beta = \frac{J_z \cdot v_x}{c_h \cdot l_h \cdot l - l_v \cdot m \cdot v_x^2}$$

$$EG = \frac{m (c_h \cdot l_h - c_v \cdot l_v)}{l \cdot c_v \cdot c_h}$$

Da die Fahrdynamikregelung nur auf Messgrößen, die mit konventioneller Fahrdynamiksensorik erfasst werden, zugreift, erfolgt auch die Identifikation anhand dieser Größen. Die Fahrdynamikregelung erfordert das Messsignal der Querbeschleunigung an der Vorderachse. Zur Vernachlässigung des Wankeinflusses, wird dabei das Messsignal nahe des Wankpols erfasst. Ebenso wird wegen einer konstanten Fahrgeschwindigkeit die Nickbewegung vernachlässigt. Durch Erweiterung der Querbeschleunigung im Schwerpunkt um den Einfluss der Gierbeschleunigung folgt damit für das resultierende Verhalten der Querbeschleunigung an der Vorderachse:

$$a_{y,VA} = v_x(\dot{\beta} + \dot{\psi}) + l_v \cdot \ddot{\psi} \tag{4.20}$$

mit der Übertragungsfunktion:

$$G_{ay,VA\_\delta} = \frac{a_{y,VA}(s)}{\delta(s)} = s \cdot v_x \cdot G_{\beta\_\delta} + (v_x + s \cdot l_v) \cdot G_{\dot{\psi}\_\delta} \tag{4.21}$$

$$G_{ay,VA\_\delta} = \frac{a_{y,VA}(s)}{\delta(s)} = v_x \cdot K_{\dot{\psi}} \cdot \frac{1 + \left(\frac{K_\beta + K_{\dot{\psi}} \cdot T_{\dot{\psi}}}{K_{\dot{\psi}}} + \frac{l_v}{v_x}\right)s + \left(\frac{K_\beta \cdot T_\beta}{K_{\dot{\psi}}} + \frac{l_v \cdot T_{\dot{\psi}}}{v_x}\right)s^2}{1 + \frac{2D_{ESM}}{\omega_{0,ESM}} s + \frac{1}{\omega_{0,ESM}^2} s^2} \tag{4.22}$$

4.3 Mechatronische Funktionsmodule

Nachfolgend wird die Modellierung des MFMs Lenkung, MFMs Antrieb und des Akkus erläutert.

4.3.1 MFM Lenkung

Das Modell des MFMs Lenkung dient als Basis zur Synthese und Erprobung der Lokalregler ist jedoch auch Bestandteil des Gesamtfahrzeugmodells. Abbildung 4-5 zeigt das physikalische Modell exemplarisch am Rad vorne links mit den Koordinatensystemen. Das mechanische System besteht aus dem Rad, dem elektrischen Aktor mit Getriebe, den rad- und aktorseitigen Lenkhebeln und der Spurstange. Die konstruktive Anordnung der Lenkmechanik erfolgt nahezu in einer Horizontalebene. Aus diesem Grund und da im gewöhnlichen Fahrbetrieb nur geringfügige Auslenkungen zu dieser Ebene auftreten wird das Bewegungsverhalten der Lenkmechanik vereinfacht in einer Horizontalebene betrachtet. Damit liegen die xy-Ebenen der Koordinatensysteme Rad und Lenkgetriebe in einer Ebene.

Zur Abbildung der Dynamik im niedrigen Frequenzbereich wurde das System auf eine Masse, bezogen auf den Getriebeausgang, reduziert. Diese Vereinfachung wurde aufgrund der nahezu starren Kopplung der Teilmassen Rad und Getriebe mit Aktuator über die Spurstange getroffen.

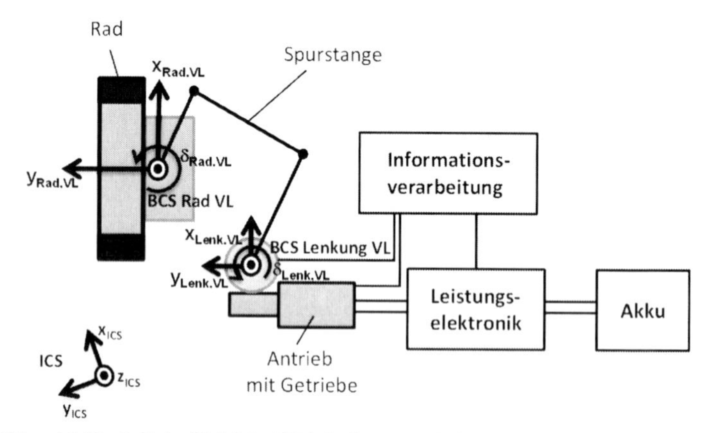

Abbildung 4-5: Physikalisches Modell des MFMs Lenkung exemplarisch am Rad vorne links

Das Ersatzmodell der Lenkung umfasst neben der im Frequenzbereich identifizierten Dynamik des Ein-Massenschwingers und Aktors auch eine nichtlineare Übersetzung vom Getriebe zum Rad, Haftreibung und Umkehrspiel.

Zur Identifikation der Dynamik wird ein lineares Modell, das eine Gültigkeit bis etwa 10 Hz aufweist herangezogen. Mit dem Newton-Ansatz und der Dynamik des Aktors ergeben sich die Differentialgleichungen aus der die Zustandsgleichungen hergeleitet werden. Die Zustandsgrößen sind der Aktorstrom, der Lenkwinkel am Getriebeausgang und dessen Winkelgeschwindigkeit. Als Systemeingang dienen die Ankerspannung des Motors und das übersetzte Radmoment, welches aus den Reifenseitenkräften und dem Reifennachlauf resultiert. Mit einem konstruktiv eliminierten Störkrafthebelarm weisen die Reifenumfangskräfte keinen Einfluss auf die Lenkung aus.

Mit dem Zustandsvektor

$$\underline{x}_{Lenk} = \begin{bmatrix} i & \dot{\varphi}_g & \varphi_g \end{bmatrix}^{-1} \tag{4.23}$$

und dem Ein-, Ausgangs- und Störvektor

$$\underline{u}_{Lenk} = \begin{bmatrix} u_a & M_{tyre} \end{bmatrix}^{-1}, \underline{y}_{Lenk} = \begin{bmatrix} \varphi_g \end{bmatrix} \tag{4.24}$$

Lautet der Zustandsraum mit den gesuchten Matrizen:

$$\begin{aligned} \underline{\dot{x}}_{Lenk} &= \underline{\underline{A}}_{Lenk} \cdot \underline{x}_{Lenk} + \underline{\underline{B}}_{Lenk} \cdot \underline{u}_{Lenk} \\ \underline{y}_{Lenk} &= \underline{\underline{C}}_{Lenk} \cdot \underline{x}_{Lenk} + \underline{\underline{D}}_{Lenk} \cdot \underline{u}_{Lenk} \end{aligned} \tag{4.25}$$

mit

$$\underline{\underline{A_{Lenk}}} = \begin{bmatrix} a_{11} & a_{12} & 0 \\ a_{21} & a_{22} & 0 \\ 0 & a_{32} & 0 \end{bmatrix}$$

$$\underline{\underline{B_{Lenk}}} = \begin{bmatrix} b_{11} & 0 \\ 0 & b_{22} \\ 0 & 0 \end{bmatrix} \tag{4.26}$$

$$\underline{\underline{C_{Lenk}}} = \begin{bmatrix} 1 & 0 & 0 \\ 0 & 0 & 1 \end{bmatrix}$$

$$\underline{\underline{D_{Lenk}}} = \begin{bmatrix} 0 & 0 \\ 0 & 0 \end{bmatrix}$$

mit

$$a_{11} = -\frac{R}{L},\ a_{12} = -\frac{c_m \cdot ü}{L}$$

$$a_{21} = \frac{c_m \cdot ü \cdot \eta}{J_{red}},\ a_{22} = -\frac{d}{J_{red}}$$

$$a_{32} = 1$$

$$b_{11} = \frac{1}{L},\ b_{22} = -\frac{K_{Tyre}}{J_{red}}$$

Daraus abgeleitet lautet die Übertragungsmatrix:

$$\underline{\underline{G_{Lenk}}} = \underline{\underline{C_{Lenk}}} \cdot \left(s \cdot \underline{\underline{E}} - \underline{\underline{A_{Lenk}}}\right)^{-1} \cdot \underline{\underline{B_{Lenk}}}$$

$$\underline{\underline{G_{Lenk}}} = \begin{bmatrix} G_{i\_ua} & G_{i\_MTyre} \\ G_{\varphi\_ua} & G_{\varphi\_MTyre} \end{bmatrix} \tag{4.27}$$

mit

$$\underline{\underline{G_{Lenk}}} = \begin{bmatrix} G_{i\_ua} & G_{i\_MTyre} \\ G_{\varphi\_ua} & G_{\varphi\_MTyre} \end{bmatrix}$$

$$G_{i\_ua}(s) = \frac{i(s)}{u_a(s)} = \frac{(s - a_{22}) \cdot b_{11}}{s^2 - (a_{11} + a_{22}) \cdot s + a_{22} \cdot a_{11} - a_{21} \cdot a_{12}}$$

$$G_{i\_MTyre}(s) = \frac{i(s)}{M_{Tyre}(s)} = \frac{a_{12} \cdot b_{22}}{s^2 - (a_{11} + a_{22}) \cdot s + a_{22} \cdot a_{11} - a_{21} \cdot a_{12}} \tag{4.28}$$

$$G_{\varphi\_ua}(s) = \frac{\varphi(s)}{u_a(s)} = \frac{a_{21} \cdot b_{11}}{s \cdot \left(s^2 - (a_{11} + a_{22}) \cdot s + a_{22} \cdot a_{11} - a_{21} \cdot a_{12}\right)}$$

$$G_{\varphi\_MTyre}(s) = \frac{\varphi(s)}{M_{Tyre}(s)} = \frac{(s - a_{11}) \cdot b_{22}}{s \cdot \left(s^2 - (a_{11} + a_{22}) \cdot s + a_{22} \cdot a_{11} - a_{21} \cdot a_{12}\right)}$$

Nach Umformen der Übertragungsfunktion von der Ankerspannung zum Strom ergibt sich die Dynamik des Aktors:

$$G_{i\_ua,ui} = \frac{i(s)}{u_a(s) - c_m \cdot \ddot{u} \cdot \dot{\varphi}_g(s)} = \frac{\frac{1}{R}}{\frac{L}{R} \cdot s + 1} \tag{4.29}$$

Weiterhin lautet das Übertragungsverhalten für den Spurwinkel φ:

$$\varphi(s) = G_{\varphi\_ua}(s) \cdot u_a(s) + G_{\varphi\_MTyre}(s) \cdot M_{Tyre}(s) \tag{4.30}$$

Zur Identifikation wird die Lenkung mit einer leichten Lageregelung versehen, da es sich um ein integrales Verhalten handelt und ein Wegdriften des Spurwinkels während der Identifikationsmessung vermieden und ein stabiler Prozess sichergestellt werden soll. Nach [Ise11] kann dieses Vorgehen bei integralen Strecken angewandt werden.

Für den geschlossenen Regelkreis mit einem P-Regler der Verstärkung K_p lautet der Übertragungspfad für den Winkel φ mit φ_w als Führungsgröße:

$$\begin{aligned} \varphi(s) &= \frac{G_{\varphi\_ua}(s) \cdot K_p}{1 + G_{\varphi\_ua}(s) \cdot K_p} \cdot \varphi_w(s) + \frac{G_{\varphi\_MTyre}(s)}{1 + G_{\varphi\_ua}(s) \cdot K_p} \cdot M_{Tyre}(s) \\ &= \frac{a_{21} \cdot b_{11} \cdot K_p}{s \cdot \left(s^2 - (a_{11} + a_{22}) \cdot s + a_{22} \cdot a_{11} - a_{21} \cdot a_{12}\right) + a_{21} \cdot b_{11} \cdot K_p} \cdot \varphi_w(s) + \\ &\quad \frac{(s - a_{11}) \cdot b_{22}}{s \cdot \left(s^2 - (a_{11} + a_{22}) \cdot s + a_{22} \cdot a_{11} - a_{21} \cdot a_{12}\right) + a_{21} \cdot b_{11} \cdot K_p} \cdot M_{Tyre}(s) \end{aligned} \tag{4.31}$$

Mit diesem Übertragungsverhalten erfolgt in Kap. 5.2.2 die Identifikation des Gesamtsystems Lenkung.

Weiterhin wird das Modell um die Haftreibung des Lenkgetriebes und der Lenkmechanik mit folgender Gleichung ergänzt:

$$M_{Haft,Lenk} = M_{Haft,Lenk;0} \cdot sign(\dot{\varphi}_g) \tag{4.32}$$

Die Haftreibung beinhaltet auch das Bohrmoment des Reifens.

Die nichtlineare Übersetzung vom Getriebe zum Rad wird durch eine ermittelte Kennlinie anhand einer quasistatischen Messung berücksichtigt. Aus dieser geht auch ein Umkehrspiel ε hervor, das nach [Föl08] im Modell über eine Tote-Zone-Kennlinie wie folgt berücksichtigt wird:

$$\varphi_{aus} = \begin{cases} \varphi_{ein} - \varepsilon & \text{für} \quad \varphi_{ein} > \varepsilon \\ 0 & \text{für} \quad -\varepsilon \le \varphi_{ein} \le \varepsilon \\ \varphi_{ein} + \varepsilon & \text{für} \quad \varphi_{ein} < -\varepsilon \end{cases} \tag{4.33}$$

Gemäß [Mit04] weist eine Lenkung über das Lenkgestänge, das Lenkgetriebe und dessen Befestigung an der Karosserie eine Lenksteifigkeit auf, die, angepasst an die vorliegende Lenkung, nach folgender Gleichung bestimmt wird:

$$\varphi_{Getr} \cdot \ddot{u} = \varphi_{Rad} + \frac{M_L}{c_L} \tag{4.34}$$

Dabei stellt M_L das radseitige Moment dar. Im Modell wurde der Einfluss der Lenksteifigkeit auf den Spurwinkel entsprechend Gleichung (4.34) berücksichtigt.

4.3.2 MFM Antrieb

Das Modell des MFMs Antrieb ist Ausgangspunkt für die modellbasierte Synthese und Erprobung der Lokalregler und Bestandteil des Gesamtfahrzeugmodells. Das physikalische Modell des Antriebsstrangs ist exemplarisch an einem Rad in Abbildung 4-6 illustriert. Das System besteht aus einem Rad mit radnahem Direktantrieb, der formschlüssig über eine Passfeder das Antriebs- und Bremsmoment auf das Rad überträgt. Die Leistungselektronik des Antriebs besteht aus einer Vierquadrantenbrücke, dessen Treiber sowohl einen Betrieb als Tiefsetzsteller für den motorischen Betrieb ermöglicht als auch als Hochsetzsteller für den generatorischen Betrieb.

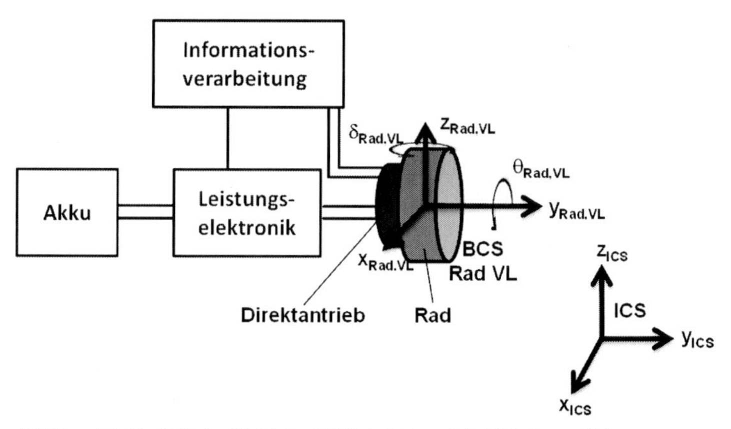

Abbildung 4-6: Physikalisches Modell des MFMs Antrieb am Beispiel Rad vorne links

Die radnahe Anordnung des Antriebs resultiert in einer hohen Steifigkeit des Antriebsstrangs, so dass dieser als ein masse- und trägheitsbehafteter Starrkörper abgebildet wird. Die Freiheitsgrade des Rades sind Hub-, Lenk- und Rollbewegung ($z_{Rad,i}$, $\delta_{Rad,i}$, $\theta_{Rad,i}$). Die Hubbewegung wird durch den Impulssatz beschrieben mit der Reifenfederkraft $F_{R,i,z}$ und der Radmasse $m_{Rad,i}$:

$$m_{Rad,i} \cdot {}^{Rad,i}\ddot{z}_{Rad,i} = F_{R,i,z} - F_{z,i} - m_{Rad,i} \cdot g \tag{4.35}$$

Der Drallsatz für die Rollbewegung des auf eine Masse reduzierten mechanischen Systems lautet:

$$\Theta_{Rad,ges,i} \cdot {}^{Rad,i}\ddot{\theta}_{Rad,i} = M_{Antrieb,i} - r_{Rad,stat,i} \cdot F_{Reifen,x,i} - d_{Rad,i} \cdot \dot{\theta}_{Rad,i} - M_{Haft,Rad,i} \cdot sign\left(\dot{\theta}_{Rad,i}\right) \quad (4.36)$$

Wobei wegen der Vielzahl an Wälzlagern in der Rad- und Motorlagerung neben der viskosen Reibung auch die Haftreibung mitberücksichtigt wurde.

Zur Identifikation der Dynamik im Frequenzbereich wird das Rad ohne Fahrbahnkontakt und ohne den nichtlinearen Einfluss der Haftreibung mit folgendem Übertragungsverhalten vom Motormoment zur Raddrehzahl abgebildet:

$$G_{\omega_{Rad},M_{Antrieb}} = \frac{\omega_{Rad}(s)}{M_{Antrieb}(s)} = \frac{\frac{1}{d_{Rad}}}{\frac{\Theta_{Rad,ges}}{d_{Rad}} \cdot s + 1} \quad (4.37)$$

Da bei allen Rädern dieselben Antriebe verwendet werden, entfällt hier die Indizierung der Größen. Der Fahrbahnkontakt wurde vernachlässigt, um das Antriebssystem von der Längsdynamik des Fahrzeugs und den Reifen zu entkoppeln. Diese Vereinfachung wird genutzt, um das Trägheitsmoment und die viskose Reibung zu identifizieren. Damit wurde ein erster Wert für die Reibung ermittelt. Unter Last wurde die viskose Reibung nicht ermittelt, da bei dem existierenden Antriebsstrang mit radnahen Direktantrieben der Einfluss der viskosen Reibung gegenüber anderen Antriebssträngen vergleichsweise gering ausfällt.

Für den Aktor des MFM Antrieb wird der fremderregte bürstenbehaftete Gleichstrommotor mit der Vierquadrantenbrücke des Funktionsträgers als Mittelwertmodell mit konstantem Ankerwiderstand R abgebildet. Nach dem 2. Kirchhoffschen Gesetz wird das Verhalten beschrieben, welches mit der Induktivität des Motors L zu folgender PT1-Übertragungsfunktion führt:

$$G_{i\_ua,\omega} = \frac{i(s)}{u_a(s) - c_m \cdot \omega(s)} = \frac{\frac{1}{R}}{\frac{L}{R} \cdot s + 1} \quad (4.38)$$

Das dynamische Verhalten der Vierquadrantenbrücke mit MOSFETs und einer pwm-Frequenz von 25 kHz wird vernachlässigt, da diese im betrachteten Frequenzbereich keine nennenswerten Verzögerungen aufweist.

4.4 Energiespeicher

Das Batteriemodell wird für die Verifikation des Antriebsreglers verwendet. Es bildet die Batteriespannung in Abhängigkeit von der Last und der Ladungsmenge ab. Das Modell beschränkt sich auf das statische Verhalten, das anhand der Herstellerangaben parametriert wird. Für detailliertere Batteriemodelle, wie sie zur Entwicklung eines Batterie-Management-Systems notwendig sind, wird auf die Arbeit von [Qua13, Die13] verwiesen. Dort werden elektrische Ersatzschaltbildmodelle mit identifizierten Parametern anhand der Impedanzspektroskopie verwendet, um das dynamische Verhalten in einem großen Frequenzbereich abzubilden. Dabei werden auch Alterungs- und Temperatureinflüsse berücksichtigt.

Die relative Ladungsmenge der Batterie SoC wird mit dem Batteriestrom i_{Batt} und der Nennkapazität C_0 bestimmt zu:

$$SoC = SoC_0 - \int \frac{i_{Batt}}{C_0} dt \tag{4.39}$$

Für die Klemmenspannung des Batteriepacks ergibt sich mit dem Innenwiderstand R_i und der Anzahl der in Reihe geschalteten Zellen n_{Zell}:

$$U_{Batt} = n_{Zell} \cdot \left(U_{OCV} - R_i \cdot i_{Batt} \right) \tag{4.40}$$

Zum Parametrieren werden die Entladekurven des Herstellers verwendet (Abbildung 4-7). Diese stellen für eine Zelle die Batteriespannung U_{Batt} für einen Laststrom von 0,5C, 1C, 3C und 5C dar. Daraus werden die offene Klemmenspannung U_{OCV} und der lastabhängige Innenwiderstand R_i approximiert.

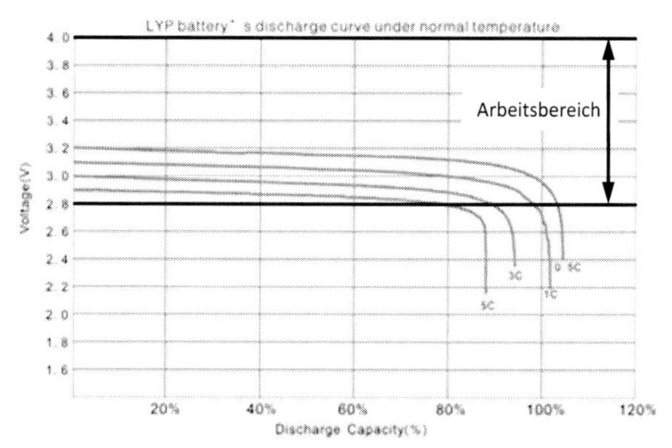

Abbildung 4-7: Entladekurven der verwendeten 40 Ah-Batteriezelle als Funktion des Laststroms [Win10]

Die Entladekurven weisen den für Li-Eisenphosphat-Zellen charakteristischen sehr flachen Verlauf über dem SoC auf. Für einen Betriebsbereich bis SoC = 20 % ist der Einfluss des Innenwiderstands höher als der des SoC. Der Einfluss des Innenwiderstands nimmt mit einer Lasterhöhung stark ab. Im Vergleich zu einer Verdopplung der Last von 0,5C auf 1C verdreifacht sich dieser Spannungsabfall erst bei einer Verzehnfachung der Last von 0,5C auf 5C.

Bei dem Batteriemodell werden folgende Vereinfachungen und Annahmen getroffen:

- Alle in Reihe geschalteten Zellen weisen dasselbe Verhalten auf (gleichen Innenwiderstand, gleiche Kapazität, gleiche Alterung, gleiche Temperatur).
- Der Innenwiderstand beim Aufladen entspricht vereinfacht dem beim Entladen.
- Temperatur- und Alterungseinflüsse werden nicht berücksichtigt.

Diese Annahmen sind zulässig, da das Batteriemodell nur unter Berücksichtigung der Betriebsbedingungen des Herstellers angewandt wird und ein identisches Verhalten der Zellen in der Praxis durch einen Balancer bzw. eine Parallelschaltung mehrerer Zellen, die statistisch auf jeder Zellspannungsebene ein gleiches Verhalten sicherstellt, angenähert wird.

5 Parameteridentifikation

Bei der Identifikation werden Modellparameter bzw. physikalische Systemparameter anhand von Messungen ermittelt. Im Entwurfsprozess mechatronischer Systeme sind sowohl für die modellbasierte Synthese als auch für die modellbasierte Absicherung identifizierte und validierte Modelle unabdingbar, um die Dynamik des realen Systems abzubilden. Insbesondere Modelle hoher Genauigkeit fördern ein effizientes Vorgehen mit wenigen Iterationen. Folglich kommt der Identifikation eine hohe Bedeutung zu, da sie die Verbindung zwischen physikalischem Ersatzmodell und vorliegendem realen System darstellt. Neben der Identifikation von physikalischen Systemparametern ermöglicht sie auch die Verifikation der Modellstruktur bzw. Modellierungstiefe, die die Basis für eine hinreichende Abbildung der Realität bildet.

Dieses Kapitel behandelt die Ermittlung der physikalischen Systemparameter der für den modellbasierten Entwurf notwendigen Modelle. Ausgehend von der angewandten Methodik wird die Vorgehensweise erläutert und die Ergebnisse der Identifikation auf lokaler und globaler Ebene werden dargestellt.

5.1 Vorgehensweise

Identifikationsverfahren

Hinsichtlich des Anwendungszwecks der zu identifizierenden Modelle müssen im Allgemeinen für die Identifikation die Systemanregung (im Zeit- oder Frequenzbereich), die zu minimierende Zielfunktion und das darauf anzuwendende Optimierungsverfahren bestimmt werden. Eine Übersicht von Identifikationsverfahren mit Fokus auf den Anwendungszweck liefert [Ise11]. Nach [Ise11] ist zur Erzielung einer hohen Modellgenauigkeit theoretisch abgeleiteter Modelle das Verfahren der Frequenzganganpassung geeignet. In Ergänzung mit einer anschließenden Validierung im Zeitbereich kann dieses Verfahren auch auf linearisierbare, nichtlineare Systeme angewandt werden. Dabei werden die Nichtlinearitäten im Zeitbereich im Anschluss an die Frequenzganganpassung ermittelt.

Das Verfahren der Frequenzganganpassung basiert auf ermittelten Frequenzkennlinien eines Systems. Die Darstellung des Systemverhaltens im Frequenzbereich bietet Vorteile, da aus den Frequenzkennlinien auf die Pole und Nullstellen des Übertragungsverhaltens geschlossen werden kann und damit sehr präzise Informationen über die Modellstruktur, die Eigenfrequenzen und die Totzeit vorliegen. Die erreichbare hohe Modellgenauigkeit resultiert aus diesen Eigenschaften.

Ein weiterer Vorteil dieses Identifikationsverfahrens ist die Möglichkeit zur Verifikation der Modellstruktur. Da aus dem gemessenen Frequenzgang die Modellstruktur abgeleitet werden kann, müssen a-priori keine Annahmen zur Modellstruktur getroffen werden. Durch einen Vergleich mit dem theoretisch hergeleiteten Modell kann dessen Struktur überprüft und Aussagen hinsichtlich einer ausreichenden Modellierungstiefe getroffen werden.

Identifikationsprozess

Abbildung 5-1 veranschaulicht die Vorgehensweise bei der Parameteridentifikation. Mit den vorab vorliegenden Kenntnissen über das System und den Anforderungen an das zu identifizierte Modell wird ein theoretisches Modell erstellt und die Messung am realen System geplant. Das theoretische Modell sollte möglichst die gleiche Struktur wie die des zu identifizierenden dynamischen Systems und freie, einstellbare Parameter aufweisen. Anhand des theoretischen Modells werden die Anregungs- und Messgrößen abgeleitet. Bei der Planung der Messung ist die Umsetzung der geforderten Systemanregung zu realisieren und die Ermittlung der gewünschten Ausgangsgrößen sicherzustellen. Weiterhin ist die Skalierung und Filterung der Größen zu bestimmen.

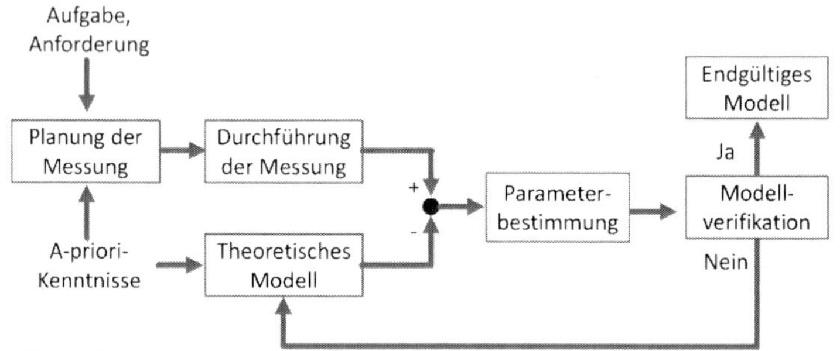

Abbildung 5-1: Vorgehensweise bei der Identifikation [Ise92]

Nach Durchführung der Messung erfolgt die Parameterbestimmung. [Liu05] erläutert dazu folgende drei Möglichkeiten:

- Ableiten eines Black-Box-Modells aus der Messung und Ermittlung der physikalischen Parameter durch Koeffizientenvergleich bei den Übertragungsfunktionen des Black-Box- und theoretisch hergeleiteten Modells
- Ableiten eines Black-Box-Modells aus der Messung und Ermittlung der physikalischen Parameter durch Approximation des Frequenzverhaltens des theoretischen Modells an das Black-Box-Modell
- Identifikation der physikalischen Parameter durch Approximation des Frequenzverhaltens des theoretischen Modells direkt an den gemessenen Frequenzgang

Bei der ersten Variante wird eine Übertragungsfunktion aus der Messung als Black-Box-Modell generiert. Bei hinreichender Modellierungstiefe weist diese dieselbe Struktur auf wie die Übertragungsfunktion des theoretisch hergeleiteten Ersatzmodells. Die physikalischen Parameter werden durch Koeffizientenvergleich ermittelt. Insbesondere bei komplexeren Modellen führt diese Vorgehensweise zu keiner eindeutigen Lösung der Parameter [Liu05]. Häufig entstehen unbestimmte Gleichungssysteme, die weitere Randbedingungen für eine analytische Lösbarkeit fordern. Selbst bei einer numerischen Lösung als Approximation können sehr leicht Abweichungen zwischen den Modellen entstehen und physikalisch unplausible Parameter ermittelt werden.

Zielführender erscheint die zweite Methode, bei der das Frequenzverhalten des theoretischen Modells an das des Black-Box-Modells approximiert wird. Im Vergleich zur ersten Variante ist hier die Anzahl der unbekannten physikalischen Parameter verglichen mit der Anzahl der Polynomkoeffizienten unbedeutend. Nachteilig ist aber, dass die gesuchten Parameter durch zwei unabhängige Approximationen nacheinander bestimmt werden. D.h. zunächst wird das Black-Box-Modell durch Approximation an die Messung generiert und sodann werden die Parameter durch eine erneute Approximation des theoretischen Modells an das Black-Box-Modell abgeschätzt. Gegenüber einer direkten Approximation des theoretischen Modells an die messtechnisch ermittelten Frequenzkennlinien, was der dritten Methode in der Aufzählung entspricht, besteht die Gefahr einer größeren Abweichung zwischen theoretischem Modell und der Messung.

In der vorliegenden Arbeit wurden mit der zweiten und der dritten Methode gute Ergebnisse erzielt, wobei bei hoher Anzahl an Frequenzstützpunkten im interessierenden Frequenzbereich bessere Ergebnisse bei der direkten Approximation an den gemessenen Frequenzgang gewonnen wurden. Allerdings diente die Generierung eines Black-Box-Modells zur Überprüfung der Modellstruktur und damit der Modellierungstiefe. Auf diese Weise konnte mit den getroffenen Vereinfachungen eine hinreichende Modellierungstiefe verifiziert werden.

Bei erfolgreicher Identifikation liegen die physikalischen Parameter des linearen theoretischen Modells vor. Zur Berücksichtigung nichtlinearer Einflüsse dient eine Optimierung im Zeitbereich. Dabei werden mit einem Optimierungsverfahren die Abweichungen zwischen einer Messung im Zeitbereich und dem nichtlinearen Modellverhalten minimiert.

Anregung und Messkonfiguration

Zur experimentellen Identifikation im Frequenzbereich wird der Signal-Analyser SigLab 20-22 der Fa. DSP Technology Inc. Verwendet [Sig10]. Seine Funktionalität als Netzwerkanalysator bietet die Möglichkeit das Ein-/Ausgangsverhalten als Frequenzgänge aufzuzeichnen. Für umfangreiche MIMO-Systeme können bis zu vier SigLabs per SCSI-Schnittstelle miteinander verbunden und parallel mit insgesamt 16 Ein- und 16 Ausgängen betrieben werden.

Der SigLab-Analyser verfügt über analoge Spannungsschnittstellen zur Ausgabe des Anregungssignals und zum Einlesen der Messsignale. Die Messkonfiguration wird exemplarisch an einer dSPACE Prototyping Hardware aufgezeigt (Abbildung 5-2). Über die A/D-Wandler der dSPACE Hardware wird das Anregungssignal eingelesen und das über das Real-Time-Interface skalierte Signal wird auf die Anregungseinheit des Systems aufgeprägt. Die vom Prozess gemessenen Signale werden von der dSPACE Hardware über entsprechende Schnittstellen erfasst, über das Real-Time-Interface skaliert und über D/A-Wandler an den SigLab-Analyser ausgegeben.

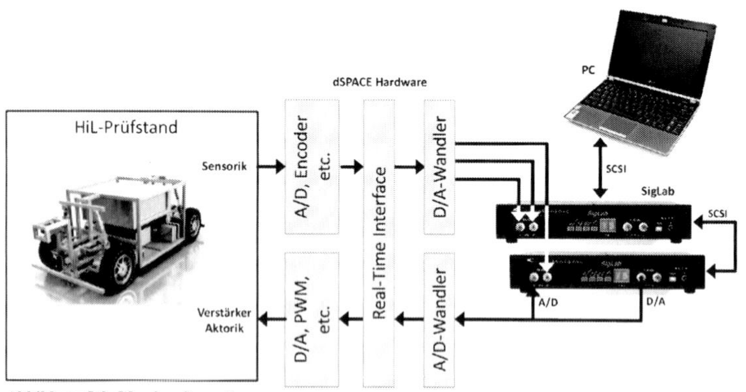

Abbildung 5-2: Messkonfiguration

Die Messdaten der Frequenzgänge werden über den Netzwerkanalysator VNA (Virtual Network Analyzer) aufgenommen und die Datenverarbeitung erfolgt über spezielle DLL (Dynamic Link Library) in MATLAB. Die gesuchten Frequenzgänge werden durch Vergleich der Leistungsdichtespektren der Ein- und Ausgangssignale des Systems ermittelt und im Dateiformat SLm (SigLab Measurement Data Structure) ausgegeben [Sig96]. Diese Daten werden in MATLAB weiter aufbereitet. Als Maß für die Qualität der Messungen wird die Kohärenzfunktion herangezogen [Liu05].

Approximation der Modellparameter

Zur Überprüfung der Modellstruktur und damit der Modellierungstiefe wird zunächst die zu den messtechnisch ermittelten Frequenzkennlinien dazugehörige Übertragungsfunktion als Black-Box-Modell durch Approximation mittels Optimierungsalgorithmen ermittelt. Dabei ist für eine hinreichende Modellierungstiefe des vermessenen Systems eine ganzheitliche Betrachtung erforderlich. Der Einfluss aus Sensorik, Aktorik und Informationsverarbeitung ist dafür im Modell zu berücksichtigen (vgl. Kap. 4).

Für die Abschätzung der gesuchten physikalischen Modellparameter werden sodann die Frequenzkennlinien des theoretischen Modells an die Frequenzkennlinien des Black-Box-Modells bzw. die messtechnisch ermittelten Frequenzkennlinien durch Minimierung der gewichteten, quadratischen Fehlerfläche approximiert. Eine wichtige Aufgabe dabei ist die Definition der Zielfunktion und ihre Gewichtung, da verschiedene Definitionen und Gewichtungen zu unterschiedlichen optimalen Lösungen führen. Für die Abweichung der Betragskennlinien wird folgende Zielfunktion verwendet:

$$e_{mag} = \frac{1}{n}\left\{\sum_{i=1}^{n}\left[\lg\left|G_{mess}(j\omega_i)\right| - \lg\left|G_{modell}(j\omega_i)\right|\right]^2 \cdot k_{eval,i}\right\} \tag{5.1}$$

und für die Abweichung der Phasenkennlinien:

$$e_{phase}=\frac{1}{n}\left\{\sum_{i=1}^{n}\left[\angle G_{mess}(j\omega_i)-\angle G_{modell}(j\omega_i)\right]^2\cdot k_{eval,i}\right\} \quad (5.2)$$

$$mit\ k_{eval,i}=coh_i\cdot 10^{-floor(\lg\omega_i)} \quad (5.3)$$

Für alle n Frequenzstützpunkte werden die gewichteten, quadratischen Abweichungen mit dem Simplex-Verfahren nach Nelder-Mead numerisch minimiert. Um die Abweichungen der Amplituden- und Phasenkennlinie annähernd gleichermaßen in der Zielfunktion zu berücksichtigen, wird der dekadische Logarithmus der Amplituden verwendet und die Phasen in Radiant berücksichtigt. Zur Gewichtung wird die mit den Messungen gewonnene Kohärenz verwendet, um den Einfluss von Fehlmessungen zu reduzieren [Liu05]. Wobei Bereiche schlechter Kohärenz, wie sie häufig am unteren und/ oder oberen Ende des Frequenzbereichs vorkommen, ausgeblendet werden, um sich auf geeignete Stützstellen zu fokussieren. Wegen des gleichen Abstands zwischen den einzelnen Frequenzstützpunkten wurde eine gleichmäßige Berücksichtigung aller Dekaden des Frequenzbereichs durch eine weitere Gewichtung vorgenommen [Qua12]. Diese äußert sich deutlich bei Systemverhalten, die sich über einen Frequenzbereich von mehreren Dekaden erstrecken.

[Kob04] untersucht Optimierungsverfahren, die zur Minimierung der Zielfunktion notwendig sind. Es existieren stochastische und deterministische Verfahren. Die Wahrscheinlichkeit zum Auffinden eines globalen Minimums ist bei stochastischen Verfahren wie die Evolutionsstrategie nach Rechenberg oder das Simulated Annealing wegen einer Art Zufallssuche im Parameterraum höher als bei deterministischen Verfahren [Kob04]. Ebenso erfordern diese Verfahren im Allgemeinen keine Anforderungen zur stetigen Differenzierbarkeit. Stochastische Verfahren sind bei einer großen Parameterzahl und geringer Anwendererfahrung zu empfehlen [Kob04]. Deterministische Verfahren, wie das Simplex-Verfahren nach Nelder-Mead oder das SQP-Verfahren (Sequential quadratic programming) nutzen bestimmte Strategien zur Bestimmung der Minima. Damit sind sie häufig zwar effizient, jedoch auch auf das Finden lokaler Minima beschränkt.

Als Optimierungsvorschrift zur Identifikation der physikalischen Parameter wird der Simplex-Algorithmus nach Nelder-Mead von Lagarias et al. [Mat11] in der Funktion fminsearch von MATLAB verwendet. Diese direkte Suchmethode für nichtlineare Funktionen kann zwar häufig Diskontinuitäten handhaben, jedoch sollten diese nicht möglichst nahe der Lösung existieren [Mat11]. Die Gefahr des Identifizierens lokaler Minima wird verringert durch Verwendung von Konstruktionsdaten und Herstellerangaben bzw. physikalisch abgeschätzter Werte als Initialwerte für die physikalischen Parameter. Mit diesem Vorgehen wurden in zahlreichen Projekten sehr gute Ergebnisse erzielt. Dabei erfolgte der Identifikationsprozess häufig sukzessiv. Durch simultanes Messen von Hilfsgrößen lassen sich Teilübertragungsverhalten zunächst separat identifizieren und damit reduziert sich die Anzahl zu identifizierender Parameter im Gesamtübertragungsverhalten. Mit diesem Vorgehen erschien bislang die Anwendung einer Multikriterienoptimierung, wie sie häufig zur Systemidentifikation angewandt wird, nicht notwendig.

Trotz der vorhandenen Optimierungsalgorithmen ist deren Anwendung bei der Identifikation kein automatischer Prozess. Es erfordert Erfahrung, denn der Erfolg der

Optimierung hängt entscheidend von der Zielfunktion, den Initialwerten, dem Optimierungsverfahren, den Abbruch- und Nebenbedingungen ab.

5.2 Identifikation auf lokaler Ebene

Dieses Unterkapitel fokussiert die Identifikation der MFM Antrieb und MFM Lenkung auf der untersten Hierarchieebene des mechatronischen Gesamtsystems.

5.2.1 MFM Antrieb

Die Traktionsantriebe dienen zur Übertragung der von der globalen Regelung geforderten Antriebskräfte. Folglich ist die Dynamik des Momentenaufbaus der E-Maschine und des Reifens für den Kraftaufbau zu berücksichtigen. Der Antriebsstrang besteht aus dezentralen, radnahen Direktantrieben. Zur Vereinfachung der Identifikation wurde dieser in zwei Schritten identifiziert. Zunächst wurde der Aktor mit dem Verhalten der Sensorik und Informationsverarbeitung identifiziert und sodann erfolgte die Identifikation des mechanischen Systems mit dem momentengeregelten Aktor.

<u>Parameteridentifikation des Aktors</u>

Mit einer ganzheitlichen Vorgehensweise wird neben dem Verhalten der Aktorik, auch das der Sensorik und Informationsverarbeitung berücksichtigt. Die geringe Zeitkonstante der Aktorik erfordert eine Betrachtung des dynamischen Verhaltens der Informationsverarbeitung, da diese in einem ähnlichen Frequenzbereich liegt.

Die Übertragungspfade bei der Identifikation des Aktors stellt Abbildung 5-3 dar. Oben ist das Übertragungsverhalten der Informationsverarbeitung vom Analogeingang zum PWM-Ausgang mit einem nachgeschalteten RC-Glied, das später für die Regelung als Anti-Aliasing Tiefpassfilter verwendet wird, abgebildet. Darunter ist dieser Übertragungspfad ergänzt um das Verhalten des Aktors abgebildet.

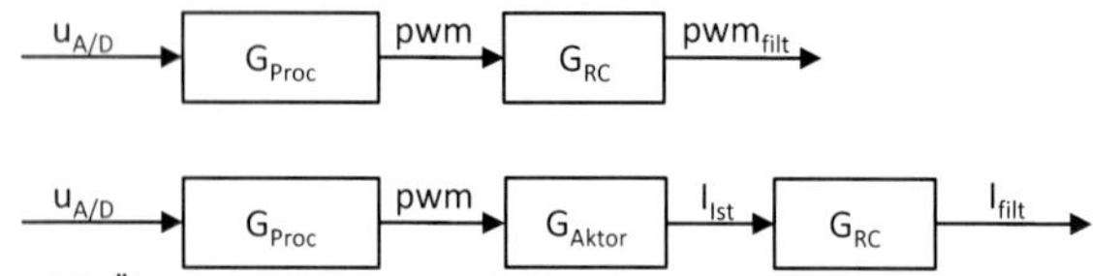

Abbildung 5-3: Übertragungsverhalten der Informationsverarbeitung (oben) und des ungeregelten Aktors (unten)

Eine weitere Unterteilung des Übertragungsverhaltens erfolgt nicht, da der Messwandler eine Bandbreite von etwa 80 kHz aufweist und die Vollbrücke mit dem integrierten

Leistungstreiber ebenfalls keine nennenswerten Verzögerungen im betrachteten Frequenzbereich aufweist [All11, Inf13, LEM09].

Die bis zu einer Frequenz von 5 kHz identifizierten Frequenzgänge der Informationsverarbeitung zeigt Abbildung 5-4. Dabei beträgt die Taskzeit 0,1 ms. Dieser Wert wird später für die Stromregelung verwendet. Neben dem Übertragungsverhalten der Informationsverarbeitung ist auch das Frequenzverhalten des Tiefpassfilters separat abgebildet.

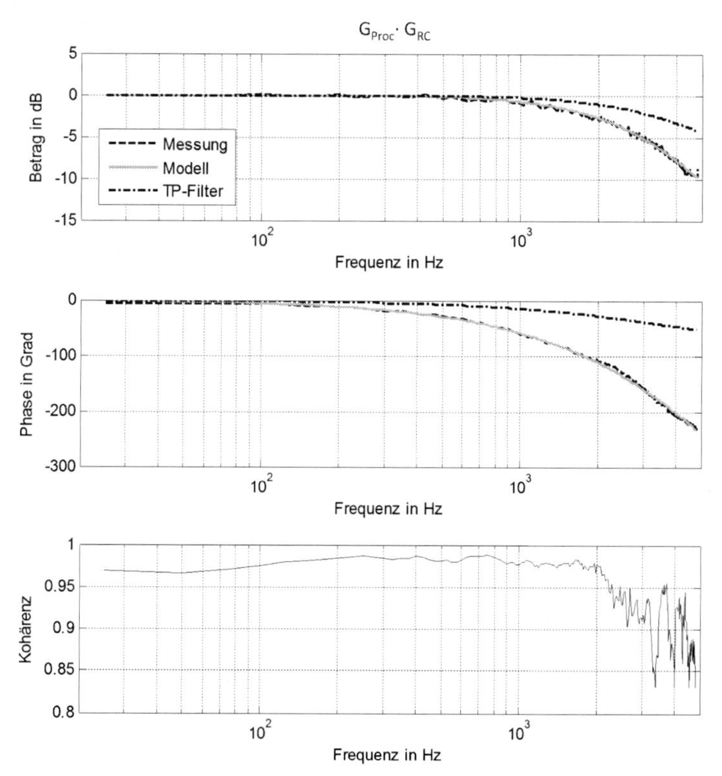

Abbildung 5-4: Identifikation des Verhaltens der Informationsverarbeitung (A/D zu PWM-Out mit RC-Glied)

Bei der Identifikation wurde für das RC-Glied als Tiefpass 1. Ordnung eine Grenzfrequenz von 3769 Hz ermittelt. Das Verhalten der Informationsverarbeitung wird als PT_1-Element mit einer Eckfrequenz von 2976 Hz und einer Totzeit von 0,07 ms approximiert. Der Frequenzgang zeigt bereits bei 2 kHz eine Phasenverzögerung von über 100°.

Das um den Aktor ergänzte Übertragungsverhalten zeigt Abbildung 5-5.

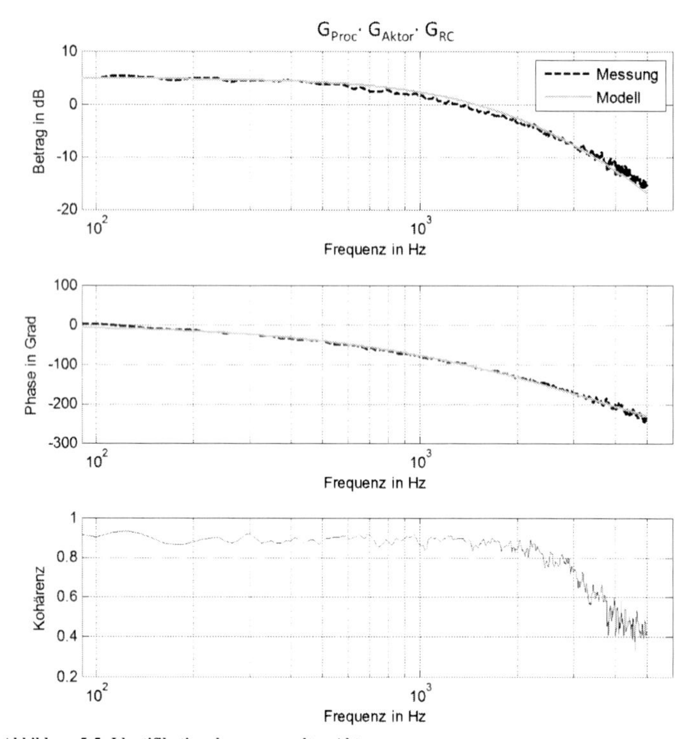

Abbildung 5-5: Identifikation des ungeregelten Aktors

Aus den ermittelten Frequenzkennlinien wurden bei einer pwm-Frequenz von 25 kHz ein mittlerer Ankerwiderstand von R = 0,57 Ω und eine Induktivität von L = 0,072 mH identifiziert. Ursache für die verhältnismäßig geringe Induktivität ist die eisenlose Wicklung des Antriebs. Diese Parameter resultieren in einer Eckfrequenz des PT_1-Elements von 1260 Hz.

Das reale Verhalten wird in beiden Frequenzgängen bis zu einer Frequenz von 5 kHz gut abgebildet, wobei im Übertragungsverhalten des Aktors ab 3 kHz die Kohärenz abnimmt. Aus dem Phasenverlauf lässt sich abschätzen, dass mit einer einfachen Momentenregelung mit einer Phasenreserve von etwa 70° eine Bandbreite von etwa 2 kHz realisierbar ist. Diese Abschätzung wird verifiziert mit dem Frequenzgang des geregelten Systems in Kap. 7.2.2. Dabei wurde das geregelte System als PT_2-Element mit einer Eckfrequenz von f_0 = 2331 Hz, einem Dämpfungsgrad von D = 0,77 und einer Totzeit von T_{Tot} = 0,03 ms approximiert.

Parameteridentifikation des Antriebsstrangs

Das Verhalten des mechanischen Systems $G_{Mechanik}$ wurde mit dem stromgeregelten Aktor identifiziert. Dabei wurde zunächst das Haftreibmoment im Zeitbereich ermittelt und zur Kompensation dieses in der Stromregelung in Form eines Offsets berücksichtigt. Das Gesamtübertragungsverhalten zur Identifikation der mechanischen Systemparameter ist in Abbildung 5-6 dargestellt.

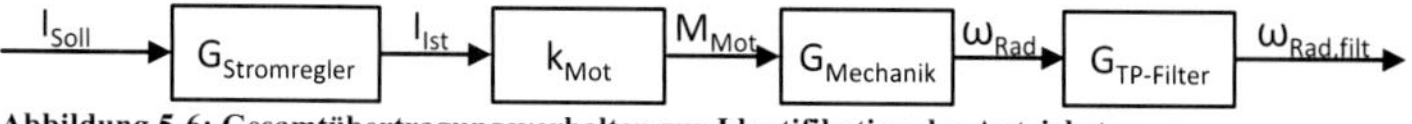

Abbildung 5-6: Gesamtübertragungsverhalten zur Identifikation des Antriebstrangs

Mit dem zuvor identifizierten Verhalten der Stromregelung und der Motorkonstanten ergibt sich das Motormoment zur Beschleunigung des Rades. Das messtechnisch ermittelte Gesamtübertragungsverhalten G_{ω_ISoll} zeigt Abbildung 5-7.

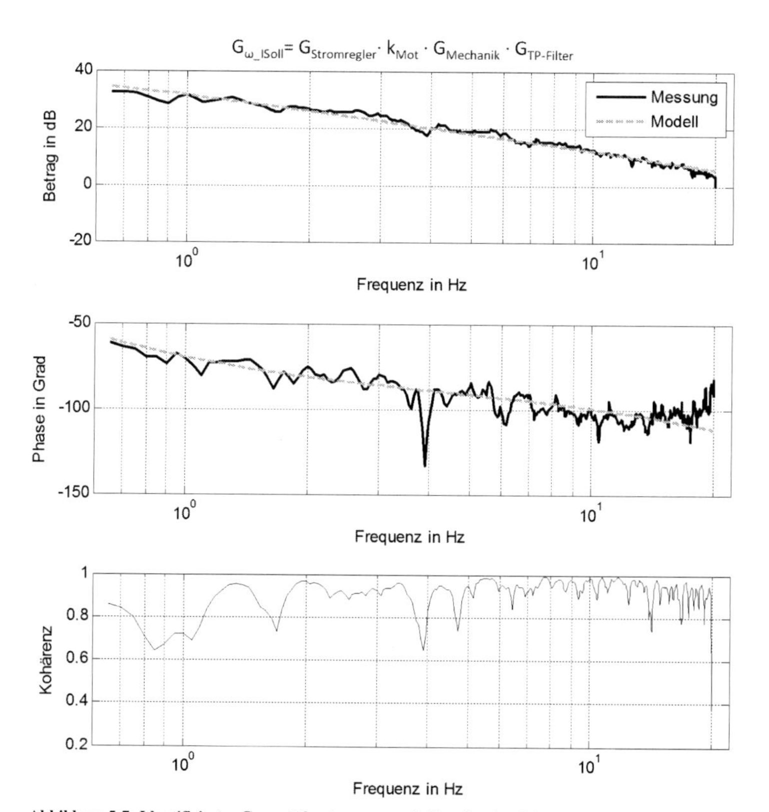

Abbildung 5-7: Identifiziertes Gesamtübertragungsverhalten des Antriebstrangs

Das Gesamtübertragungsverhalten wurde in einem Frequenzbereich bis zu 20 Hz ermittelt und zeigt eine gute Übereinstimmung im gesamten Frequenzbereich. Lediglich bei einer Frequenz von 3 Hz existiert ein Ausreißer im Phasenverlauf. Die schlechte

Übereinstimmung wird hier durch die geringe Kohärenz angedeutet. Für das mechanische Teilsystem $G_{Mechanik}$ wurde eine Massenträgheit von $J_{Rad,ges} = 0{,}0069$ kg/m² und ein viskoser Reibungsparameter von $d_{Rad} = 0{,}0169$ Nm/(rad/s) identifiziert. Im betrachteten Frequenzbereich dominiert das mechanische Teilsystem. Der Stromregler mit einer Bandbreite von über 2 kHz weist in diesem Bereich keinen charakteristischen Einfluss auf. Da er aber Bestandteil im Gesamtübertragungsverhalten ist, wurde der Stromregler auch im Identifikationsprozess des mechanischen Teilsystems berücksichtigt.

5.2.2 MFM Lenkung

Zur Vereinfachung des Identifikationsprozesses erfolgte die Identifikation sukzessiv in zwei Schritten. Zunächst wurden die Parameter des Aktors identifiziert und sodann die Gesamtdynamik der Lenkung zur Ermittlung der restlichen Parameter.

Abbildung 5-8 illustriert den Frequenzgang der Dynamik des Lenkaktors und der Informationsverarbeitung. Der Frequenzgang beschreibt die Aktordynamik als PT_1-Verhalten mit einer Eckfrequenz von 179 Hz und das Anti-Aliasing-Tiefpass-Filter mit einer Grenzfrequenz von 379 Hz. Weiterhin wurde eine geringe Totzeit von 0,1 ms ermittelt, die auf die Leistungselektronik und Informationsverarbeitung zurückzuführen ist.

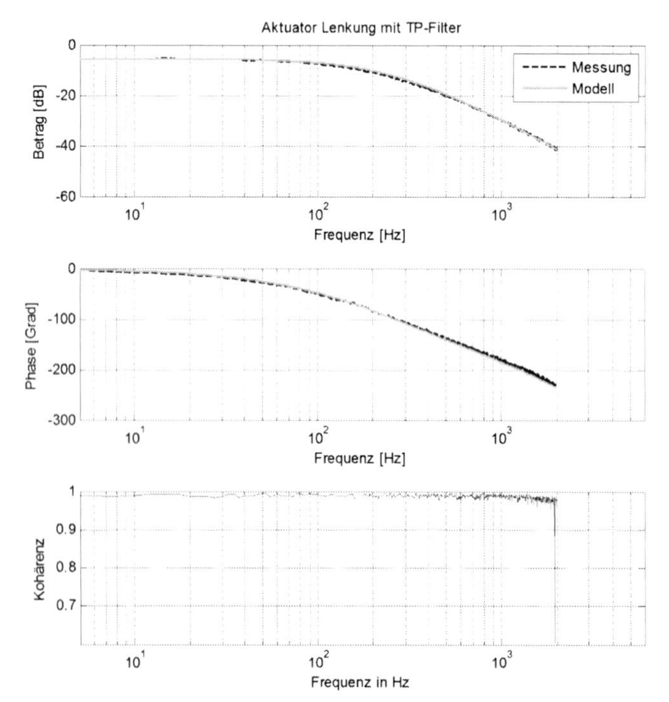

Abbildung 5-8: Frequenzgang Lenkaktor

Die bei der Identifikation ermittelten Parameter sind in der folgenden Tabelle aufgeführt.

Tabelle 5.1: Parameter des Lenkaktors

Parameter	**Wert**
Ankerwiderstand R	1,9 Ω
Motorinduktivität L	1,7 mH
Totzeit T_{Tot}	0,1 ms
Grenzfrequenz TP-Filter $f_{grenz,TP}$	379 Hz

Der Frequenzgang des Gesamtsystems der Lenkung im geschlossenen Regelkreis mit einem P-Regler ist in Abbildung 5-9 dargestellt. Die Anregung erfolgt über ein PWM-Signal der Leistungselektronik. Als Messsignal zur Identifikation dient der Getriebeausgangswinkel. Die Identifikation erfolgt bei stillstehendem Fahrzeug. Laut [Mit04] ist dann das Widerstandsmoment vom Reifen aufgrund des Bohrmoments am größten. Folglich wurde dieser Einfluss durch Maßnahmen zur Verringerung des Kraftschlussbeiwerts gemildert. Der Störeinfluss ist durch eine stationäre Abweichung im Amplitudengang zu erkennen.

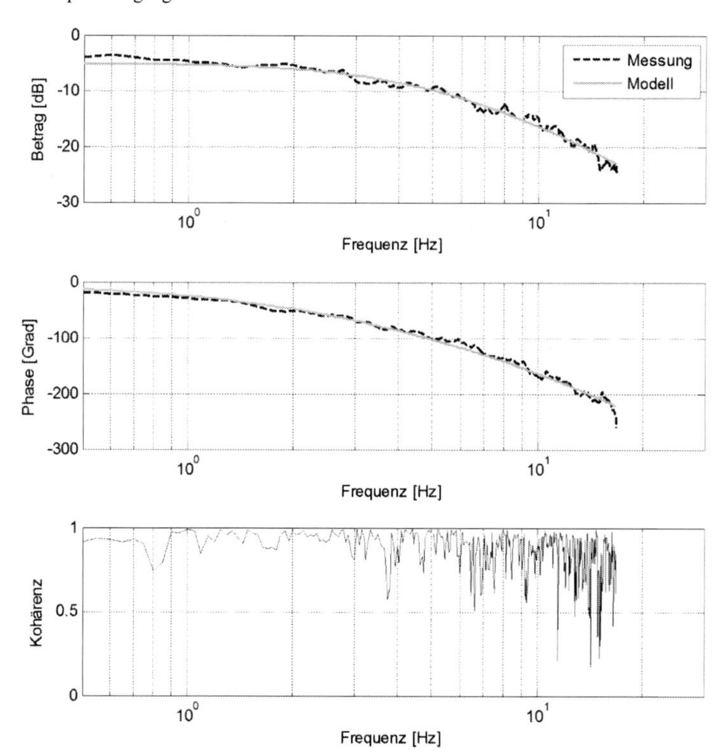

Abbildung 5-9: Frequenzgang zur Identifikation des Gesamtsystems Lenkung

Das Verhalten stellt ein System 3. Ordnung dar mit drei reellen Eigenwerten mit den Eckfrequenzen 4 Hz, 10,4 Hz und 122,7 Hz. Die Systemparameter mit den identifizierten Parametern sind in Tabelle 5.2 dargestellt.

Tabelle 5.2: Parameter des MFM Lenkung

Feste Parameter aus Datenblättern der Hersteller	
Parameter	**Wert**
Lenkgetriebeübersetzung ü	62
Motorkonstante c_m	0,0739 Nm/A
Wirkungsgrad Getriebe η	0,44
Reglerparameter (festgelegt) K_p	140
Ermittelte Parameter	
Auf Getriebeausgang reduzierte Massenträgheit J_{red}	0,0913 kgm^2
Parameter viskose Reibung d	3,32 Nm/(rad/s)
Totzeit T_{Tot}	0,0157 s
Verstärkung Störgröße K_{Tyre}	231,7

Die Lenkung wurde im Frequenzbereich bis zu 16 Hz identifiziert und das identifizierte Modell stimmt mit dem realen System sehr gut überein. Diese Übereinstimmung bestätigt die getroffenen Annahmen zum Modell. Mit der gewählten Modellierungstiefe ist die Dynamik für die modellbasierte Synthese hinreichend genau abgebildet.

Die nichtlinearen Einflüsse wurden im Identifikationsprozess im Zeitbereich ermittelt. Für das Lenkgetriebe und die Lenkmechanik wurde eine Haftreibung von $M_{Haft,Lenk}$ = 1,4 Nm ermittelt. Dazu wurde der Kraftschlussbeiwert des Reifen-Fahrbahn-Kontakts durch Seifenwasser auf einer glatten, fliesenartigen Fahrbahnoberfläche deutlich verringert und der Aktor durch eine rampenförmige Stellgröße angeregt bis die Haftreibung überwunden wurde.

Weiterhin wurde die angestrebte lineare Übersetzung durch eine quasistatische Messung des Lenkwinkelbereichs mit geringer Winkelgeschwindigkeit ermittelt. Exemplarisch am Rad vorne links zeigt Abbildung 5-10 die Kennlinie.

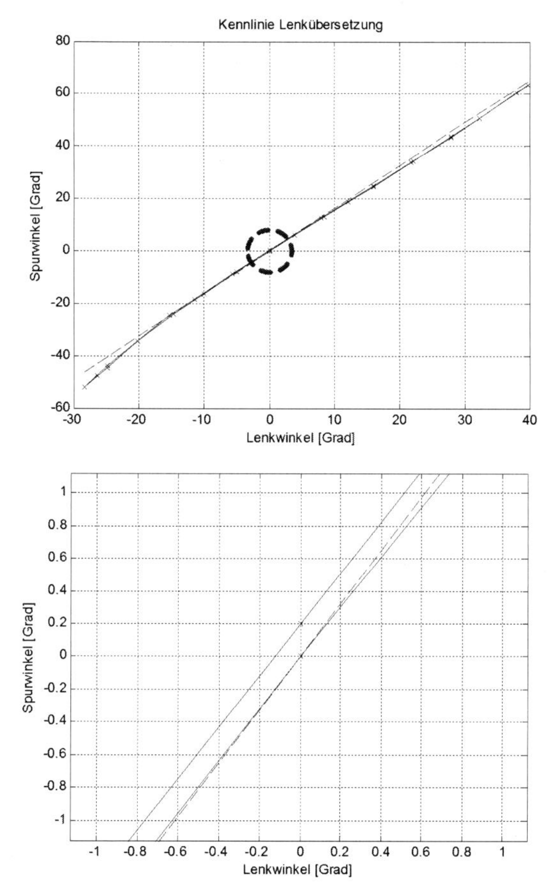

Abbildung 5-10: Linearisierung der Lenkübersetzung, oben Kennlinie, unten Hysterese um Nullpunkt

Eine äußerst gute Übereinstimmung mit einer linearen Übersetzung, die als Gerade eingezeichnet ist, ist im Bereich von -13 - 15° des Lenkgetriebewinkels festzustellen. Dieser Bereich entspricht einem Spurwinkel von -25 – 25°. Aus der Messung wurde eine lineare Übersetzung von 1,63 approximiert. Aufgrund der guten Übereinstimmung in einem großen Spurwinkelbereich genügt für den Fahrbetrieb eine Implementierung der linearen Übersetzung. Jedoch wurden insbesondere zur Erprobung des autonomen Parkmanövers [Han13] mit Spurwinkeln von 45° bzw. -45° die nichtlinearen Kennlinien der Lenkübersetzungen im Modell implementiert. Neben der guten Linearität in einem großen Bereich ist auch der große lenkbare Bereich auffallend. Entsprechend der Kennlinie in Abbildung 5-10 lässt sich ein Spurwinkel von -50° - 63° stellen.

Anhand der ermittelten Kennlinie wurde ein Umkehrspiel von 0,2° in Nullstellung festgestellt, welches im Modell über eine Tote-Zone-Kennlinie berücksichtigt wurde.

Im Identifikationsprozess wurde auch die Steifigkeit der Lenkung untersucht. Hierzu wurden statische Messungen mit unterschiedlichen Belastungen durchgeführt. Daraus wurde eine Steifigkeit von $C_L = 1928$ Nm/rad identifiziert. Zur Bewertung der Lenkungselastizität wird die Lenksteifigkeit auf die stat. Vorderachslast bezogen, wo konventionelle Lenkanlagen in einem Wertebereich von 0,9 - 4,1 m/rad liegen [Mit04]. Für die vorliegende Lenkung ergibt sich ein Verhältnis von $C_L/F_{z,VA,0}$ = 3,9 m/rad. Damit weist die Lenkung eine vergleichsweise hohe Steifigkeit auf. Im Modell wurde der Einfluss der Lenksteifigkeit auf den Spurwinkel entsprechend Gleichung (4.34) berücksichtigt.

5.2.3 Reifen

Aufgrund der begrenzt übertragbaren Reifenkräfte und des zu vermeidenden instabilen Reifenbereichs spielt das Reifenverhalten für die Funktionsauslegung der Fahrdynamikregelung eine wichtige Rolle. Deswegen wurde das Reifenverhalten des verwendeten MF-Tyre-Modells (Abschnitt 4.2.3) an experimentell gewonnene Reifenkennlinien approximiert. Unter Anwendung der aktiven Vorspur wurde das Reifenquerverhalten identifiziert [Buc12]. Dabei verzögert das Fahrzeug durch eine hohe Vorspur. Die Kraftanteile in Querrichtung des Fahrzeugs kompensieren sich, wodurch sich das Fahrverhalten auf die Fahrzeuglängsdynamik beschränkt und der Identifikationsprozess vereinfacht wird.

Unter Nutzung von Spurwinkelsensorik lässt sich auf diese Weise das statische Reifenquerverhalten unter Vernachlässigung des Sturzeinflusses sehr präzise bestimmen. Das Ergebnis für eine Radlast von 220 N am Funktionsträger zeigt Abbildung 5-11.

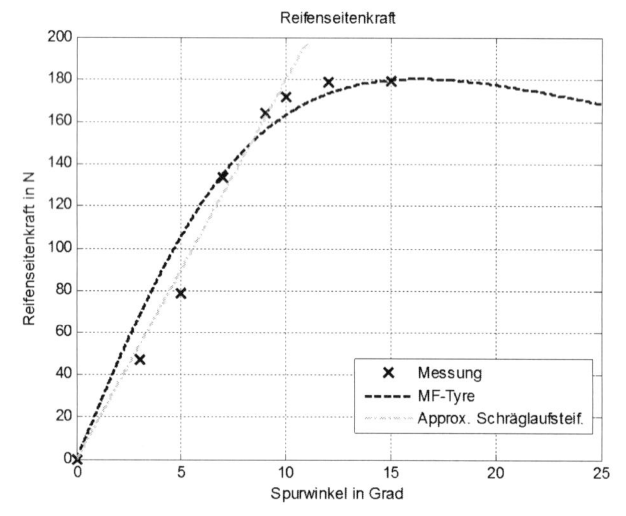

Abbildung 5-11: Identifiziertes Reifenquerverhalten

Durch Approximation des Reifenmodells an die Messung wurden $c_y = 1{,}7458$ und $b_y = 3{,}2208$ als Reifenparameter für das MF-Tyre-Reifenmodell abgeschätzt. Für die linearen Modelle wurde eine Schräglaufsteifigkeit von $c_\alpha = 1031$ N/rad bis zu einem Schräglaufwinkel von 11° abgeschätzt. Mit diesem Spurwinkelbereich wird der lineare Reifenbereich sehr gut abgebildet.

5.3 Identifikation des Fahrzeugquerverhaltens

Zur Identifikation der Fahrzeugquerdynamik im Frequenzbereich existieren einige Arbeiten. Nach [Kob04] werden dafür häufig Einspurmodelle verwendet, die je nach Zweck der Identifikation beispielsweise um Reifeneigenschaften oder Wankverhalten erweitert werden. Entsprechend einer Übersicht von [Kob04] erfolgte eine Identifikation im Frequenzbereich durch [Bor98, Cam99, Mel03, Rei84, Zam94]. Zur Bewertung des Fahrverhaltens bestimmt [Kob04] Fahrzeugparameter im Zeit- und Frequenzbereich. Dazu erweitert er das Einspurmodell um das Einlaufverhalten der Reifen und das Übertragungsverhalten der Messtechnik. Zusätzlich zur Berücksichtigung des nichtlinearen Bereichs bei höheren Querbeschleunigungen ergänzt er das Modell um Seitenkraftkennlinien des Reifens und das Wankverhalten. Die Identifikation erfolgt mit einer Multikriterienoptimierung. [Bor98] bestimmt Parameter des Zähler- und Nennerpolynoms des Übertragungsverhaltens der Querdynamik mit der rekursiven Methode der kleinsten Fehlerquadrate nach Gauß. Als Vergessensfunktion nutzt er zeitvariable Parameter. Anhand eines Lenkungssweeps und Manövern im Zeitbereich bestimmt [Cam99] Parameter der Fahrzeugquerdynamik. In [Mel03] werden mit einer hierarchischen Identifizierung in einem um die Längs-, Quer- und Vertikaldynamik erweiterten Einspurmodell mehrere Parameter mit einer Multikriterienoptimierung identifiziert. Die Identifikation der Parameter in den Teilmodellen erfolgt an verschiedenen stationären und dynamischen Fahrmanövern. [Rei84] untersucht Identifikationsmethoden im Zeit- und Frequenzbereich und nutzt die Methode der kleinsten Quadrate mit Gewichtungen oder Hilfsvariablen als Optimierungsverfahren. Er zeigt auf, dass eine Identifikation im Frequenzbereich mit stochastischer Anregung unempfindlicher gegenüber Störungen im Vergleich zur Identifikation mittels Sprung- und Impulsanregung im Zeitbereich ist. Mit der Evolutionstheorie von Rechenberg und dem Gradientenverfahren bestimmt [Zam94] zahlreiche Fahrzeugparameter an verschiedenen Fahrmanövern.

Die Identifikation der Fahrzeugquerdynamik dient in dieser Arbeit vorrangig der modellbasierten Funktionsauslegung, aber auch zur Verifikation der gemäß dem Konzept realisierten Grundabstimmung des passiven Fahrverhaltens. Folglich wird ein Einspurmodell, erweitert um das Lenk-, Reifen- und Sensorverhalten, mit einer Anregung im linearen Bereich der Fahrzeugquerdynamik verwendet. Das Gesamtübertragungsverhalten zur Identifikation der Fahrzeugquerdynamik zeigt Abbildung 5-12.

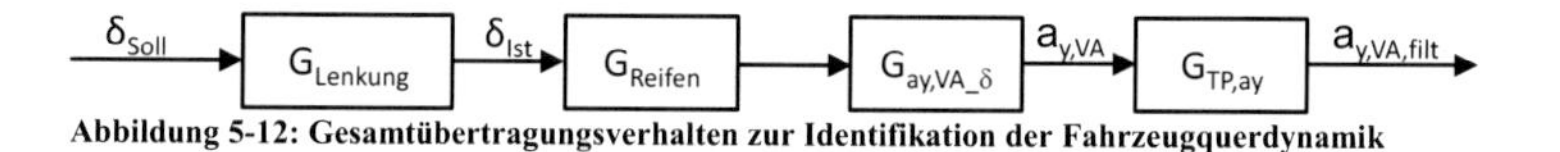

Abbildung 5-12: Gesamtübertragungsverhalten zur Identifikation der Fahrzeugquerdynamik

Als Messgröße wird die Querbeschleunigung herangezogen. Diese beinhaltet sowohl das Übertragungsverhalten des Schwimmwinkels als auch der Gierrate. Im ermittelten Gesamtübertragungsverhalten sind neben der eigentlichen Fahrzeugquerdynamik auch die Dynamik der geregelten Lenkung, des Einlaufverhaltens der Reifen und der Tiefpassfilter der Sensorik zu berücksichtigen. Zur Erzielung guter Ergebnisse wurde nach [Kob04] Spurwinkelsensorik eingesetzt.

Die Frequenzkennlinien zum identifizierten Verhalten der Querbeschleunigung sind in Abbildung 5-13 dargestellt. Über den gesamten Frequenzbereich von 0,3 bis 10 Hz stimmen Messung und Modell sehr gut überein.

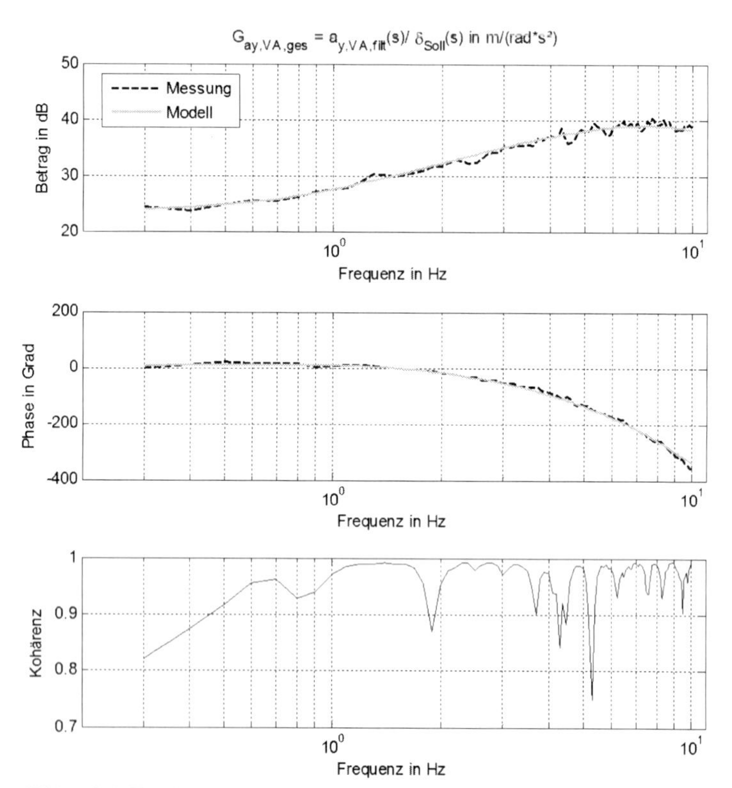

Abbildung 5-13: Identifizierte Querbeschleunigung an der Vorderachse

Die in der experimentellen Identifikation abgeschätzten Parameter lauten:

Tabelle 5.3: Parameter des Funktionsträgers

Ermittelte Parameter bei v_x = 3 m/s	
Eigenfrequenz des ESM $f_{0,ESM}$	4,4 Hz
Dämpfungsgrad des ESM D_{ESM}	1,06
Stat. Vorderachslast $m_{VA,0}$	55 kg
Stat. Hinterachslast $m_{HA,0}$	47 kg
Radstand l	0,9 m
Spurweite s	0,55 m
Schwerpunkthöhe h_{SP}	0,3 m
Wankhebelarm h_{Wank}	0,355m
Gierträgheitsmoment J_z	10,42 kgm²
Schräglaufsteifigkeit Vorderachse c_v	2572 N/rad
Schräglaufsteifigkeit Hinterachse c_h	3041 N/rad

Die hohe Eigenfrequenz des Einspurmodells und der hohe Dämpfungsgrad resultieren aus der geringen Fahrgeschwindigkeit bei der Identifikation.

Das Ergebnis der identifizierten Schräglaufsteifigkeit der Vorderachse entspricht nahezu dem Ergebnis aus der Reifenidentifikation. Abweichungen resultieren aus Kinematik und Elastokinematik der Radaufhängung und der dynamischen Radlastverlagerung. Die ermittelten Schräglaufsteifigkeiten verifizieren das in der stationären Kreisfahrt ermittelte Eigenlenkverhalten (siehe Abschnitt 7.2.3).

Das geringe Gierträgheitsmoment resultiert aus der Massenverteilung im Funktionsträger, bei der wesentliche Massen wie der Akku und der Industrie-PC für die Informationsverarbeitung zentral in Schwerpunktnähe angebracht sind.

Die Schwerpunktlage des Fahrzeugs wurde mittels statischen Messungen der Gewichtskraftverteilung bestimmt. Für die Querdynamik ist die dynamische Radlastverteilung unter der Einwirkung von Querbeschleunigung für das degressive Radlastverhalten wichtig. Der dafür notwendige Wankhebelarm wurde nach [Kob04] ermittelt. Mit einer periodischen Wankanregung im Stand wurde der Wankhebelarm gemäß:

$$a_{y,SP} = h_{Wank} \cdot \ddot{\varphi} \tag{5.4}$$

ermittelt. Zur Ermittlung des Wankhebelarms wurde die gemessene Querbeschleunigung im Schwerpunkt ins Verhältnis zur Ableitung der gemessenen Wankrate gesetzt [Adl12].

Bei der Identifikation wurde festgestellt, dass das Einlaufverhalten der Reifen nahezu nicht zum Übertragungsverhalten beiträgt. Diese Feststellung wird gestützt durch Untersuchungen zur Quersteifigkeit des Reifens. Mit den vergleichsweise geringen Radlasten des Funktionsträgers weist der Reifen eine sehr hohe Quersteifigkeit auf. Das Übertragungsverhalten des Reifens verlagert sich in einen höheren Frequenzbereich.

6 Modellbasierter Entwurf der Informationsverarbeitung

Die Informationsverarbeitung als wesentlicher Bestandteil zur Funktionserfüllung des mechatronischen Systems ist Inhalt dieses Kapitels. Unter Anwendung der ganzheitlichen Entwicklungsmethodik (Kapitel 2) wird zunächst die hierarchische Struktur der Informationsverarbeitung erläutert. Schwerpunkt dieser ist die integrierte Fahrdynamikregelung. In Verbindung mit dem hergeleiteten Konzept zur Fahrzeugkonfiguration, welches neben der gewünschten Funktion auch einen energieeffizienten Gesamtbetrieb des Fahrzeugs sicherstellt, wird ein neuartiger Ansatz mit einer analytischen Stellgrößenverteilung hergeleitet.

Neben der Synthese der integrierten Fahrdynamikregelung als globale Informationsverarbeitung ist auch der modellbasierte Reglerentwurf der MFM als lokale Informationsverarbeitung Bestandteil dieses Kapitels.

6.1 Hierarchische Struktur der Informationsverarbeitung

Abbildung 6-1 stellt eine hierarchische Struktur der Informationsverarbeitung eines Fahrzeugs mit Fahrdynamikregelung und Fahrerassistenzsystemen im Kontext Fahrer-Fahrzeug-Umwelt mit einem grundlegenden Informationsfluss dar. Dabei sind die einzelnen Fahraufgaben der Navigation, der Fahrzeugführung und des Beherrschens des Fahrzeugs in hierarchischer Anordnung eingebunden. Ebenso ist eine Verbindung zu den Ebenen MFM, MFG und AMS der mechatronischen Strukturierung abgebildet.

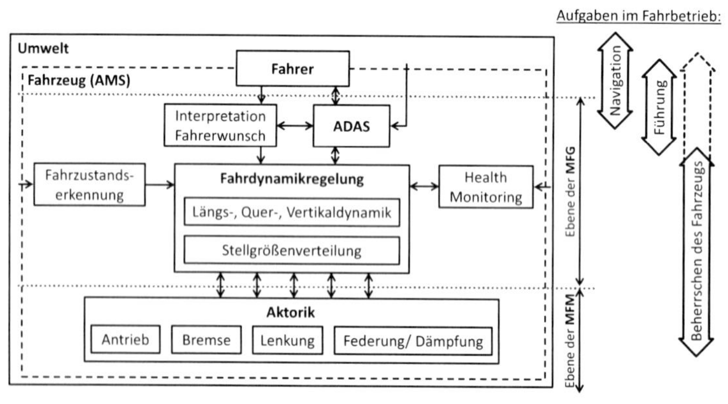

Abbildung 6-1: Hierarchische Struktur der Informationsverarbeitung eines Fahrzeugs mit Fahrdynamikregelung und Fahrerassistenzsystemen

Zu den Aufgaben im Fahrbetrieb zählen die Navigation, die Führung des Fahrzeugs und das Sicherstellen eines stabilen Fahrbetriebs. Die daran beteiligten hierarchischen Ebenen der Informationsverarbeitung werden durch Pfeile in Abbildung 6-1 dargestellt. Zur Navigation gehört die Routenbestimmung und Routenführung, die notwendig sind zur Erreichung der Zielposition. Unterstützt wird der Fahrer dabei durch Navigationsgeräte, die überwiegend Informationen aus dem Bereich Umwelt liefern.

Weitere Aufgaben im Fahrbetrieb sind die Längs- und Querführung des Fahrzeugs zum Folgen der Straße bzw. der Fahrspur. Unterstützung findet der Fahrer hier durch verschiedene längs- und querdynamische Assistenzfunktionen. Zur grundlegendsten Funktion des Fahrbetriebs zählt die Beherrschung des Fahrzeugs zur Vermeidung instabiler bzw. unkontrollierbarer Fahrzustände. Unterstützt wird hierbei der Fahrer durch das elektronische Stabilitätsprogramm (kurz ESP), einer Fahrdynamikfunktion zur Stabilisierung des Fahrzeugs, wobei der Fahrer mit seinen Vorgaben immer noch die Kontrolle über das Fahrzeug hat. Das gestrichelte Pfeilende in Abbildung 6-1 signalisiert diese Verantwortung. Die Höhe der Verantwortung des Fahrers wird hier durch die Ausprägung der Autonomie des Fahrzeugs bestimmt. Beispielsweise kann ein vollautonomes Fahrzeug in einer kritischen Fahrsituation ohne Einwirkung des Fahrers bis zum Stillstand verzögern und seine Vorgaben überstimmen, falls es die Situation erfordert.

Seine Vorgaben äußert der Fahrer über die Mensch-Maschine-Schnittstellen, zu denen das Fahr- und Bremspedal, das Lenkrad, der Wählhebel für das Getriebe und die Bedien- und Ausgabeelemente der Fahrerassistenz- und Fahrdynamikregelsysteme gehören. Diese Vorgaben werden interpretiert und entsprechende Führungsgrößen für die fortgeschrittenen Fahrerassistenzsysteme (engl. Advanced Driver Assistance System, kurz ADAS) und Fahrdynamikregelsysteme abgeleitet. Dazu werden Informationen von der Fahrzustandserkennung und dem Health Monitoring ausgewertet, um zeitvariante Betriebs- bzw. Systemgrenzen in den Regelungen zu berücksichtigen. Die Fahrzustandserkennung dient dazu kritische Fahrsituationen zu erkennen. Hierzu werden Sensorinformationen ausgewertet, um z.B. Umweltbedingungen wie den Haftreibwert der Fahrbahn zu schätzen. Mit dem Health Monitoring wird das Gesamtsystem Fahrzeug auf Zustände überwacht, die zu einem Schaden führen können. Insbesondere wird der Antriebsstrang hier vor Überhitzung geschützt und der Energiespeicher vor Unter- und Überspannung und Überströmen bewahrt. Diese Informationen nutzt das Fahrdynamikregelsystem, um die längs-, quer- und vertikaldynamischen Anforderungen gemäß einer Betriebsstrategie umzusetzen. Je nach Integrationsgrad sind die Grenzen zwischen den Teilfunktionen unterschiedlich stark ausgeprägt.

Eine denkbare Überaktuierung des Fahrzeugs und die Wechselwirkungen der Teilsysteme erfordern bei der Fahrdynamikregelung eine geeignete Stellgrößenverteilung, um die Führungsgrößen für die unterlagerten MFM mit ihren Aktoren zu generieren. Der Schwerpunkt der vorliegenden Arbeit liegt auf der Fahrdynamikregelung mit dem Fokus der geeigneten Stellgrößenverteilung zur Sicherstellung der teils in Konflikt stehenden Ziele Energieeffizienz im Fahrbetrieb, Fahrsicherheit, Fahrkomfort und Agilität. Hierzu werden existierende Ansätze analysiert und aus den Erkenntnissen ein neuartiger Ansatz abgeleitet, der neben der gewünschten fahrdynamischen Funktion auch eine hohe Energieeffizienz sicherstellt.

6.2 Entwurf der globalen Informationsverarbeitung

Die Anforderungen an die hierarchisch angeordnete Fahrdynamikregelung sind die Gewährleistung von Fahrsicherheit, repräsentiert durch ein stabiles und gut beherrschbares Fahrverhalten in allen Fahrsituationen, und die Verbesserung des Fahrkomforts, was sich in einem geringeren Lenkwinkelbedarf, kleineren Nick-, Wank- und Aufbaubeschleunigungen äußert. In dieser vorliegenden Arbeit wurde dazu für eine kontrollierte Horizontaldynamik eine integrierte Fahrdynamikregelung modellbasiert entworfen, dessen Kern eine analytische Stellgrößenverteilung, abzielend auf eine gleichmäßige Kraftschlussausnutzung mit gewählten Randbedingungen für einen energieeffizienten Gesamtbetrieb, ist. Als Anforderung soll sich die Fahrdynamikregelung auf Messgrößen, die mit konventioneller Fahrzeugsensorik erfasst werden, beschränken. Wegen der nur geringen Kopplung der Horizontaldynamik mit der Vertikaldynamik, die durch die Radlasten besteht, wird für die aktive Fahrdynamik nur die Horizontaldynamik betrachtet. Für die Vertikaldynamik wird ein passives Feder-Dämpfer-System mit Abstimmung auf geringe Radlastschwankungen angenommen.

Die integrierte Fahrdynamikregelung wird in den nachfolgenden Abschnitten beschrieben.

6.2.1 Hierarchischer Aufbau der integrierten Fahrdynamikregelung

Der globale Regler stellt die Fahrdynamikregelung, bestehend aus der Quer- und Längsdynamikregelung, der Stellgrößenverteilung und dem inversen Reifenmodell, dar (Abbildung 6-2). Diese globale, übergeordnete Regelung sorgt für eine gewünschte, kontrollierte Quer- und Längsdynamik. Die untergeordneten, verteilten, lokalen Regelungen dienen zum Einstellen der Antriebs-/ Bremsmomente und Spurwinkel der Räder, um die von der Stellgrößenverteilung geforderten Reifenumfangs- und Reifenseitenkräfte zu erfüllen. Die Stellgrößenverteilung ist Kern der integrierten Fahrdynamikregelung, da sie die durch den Kamm'schen Kreis beschriebenen Wechselwirkungen der Reifenkräfte, die Verkopplung der Fahrzeuglängs- und Fahrzeugquerdynamik und das degressive Radlastverhalten auf die Reifenkräfte berücksichtigt. Die Stellgrößenverteilung gewährleistet eine Verteilung der Reifenkräfte bis zur vollständigen Kraftschlussausnutzung an allen vier Rädern.

Der Fahrer gibt die Führungsgrößen über das Lenkrad, Fahr- und Bremspedal für die Quer- und Längsdynamikregelung vor. Alternativ können diese einer überlagerten Assistenzfunktion bzw. Funktion für einen autonomen Betrieb entstammen. Die Längs- und Querdynamikregler bestimmen das für die Fahrsituation erforderliche Giermoment, z.B. zum Einlenken bei einer Kurveneinfahrt, und die aus dem Fahrerwunsch interpretierte Fahrzeuglängskraft. In der Stellgrößenverteilung werden daraus die Umfangs- und Seitenkräfte der Reifen unter Berücksichtigung der Kamm'schen Kreise berechnet. Über ein inverses Reifenmodell und die inverse Fahrzeugkinematik werden daraus die Führungsgrößen für die lokalen Regler der Traktionsantriebe und Lenkungen bestimmt.

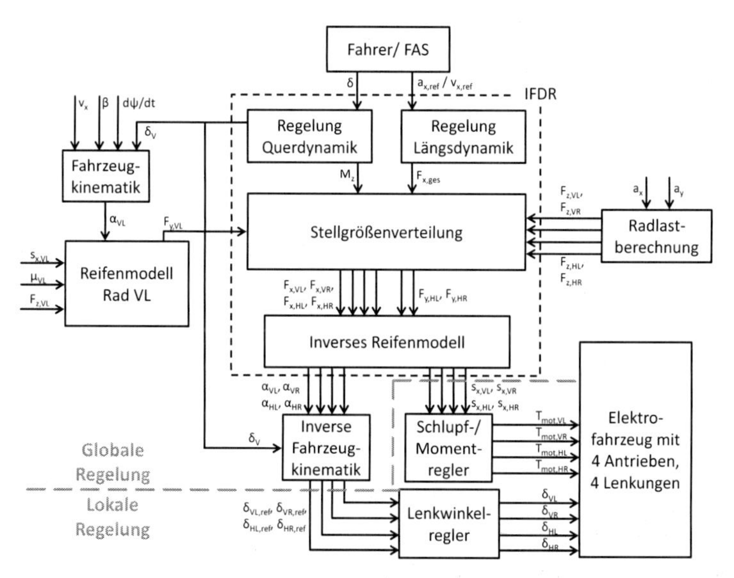

Abbildung 6-2: Hierarchische Struktur der Fahrdynamikregelung

Die Radlastberechnung ist erforderlich zur Berücksichtigung der dynamischen Radlastverlagerung und der damit verbundenen Auswirkungen auf die max. Reifenkräfte. Wegen der Entkopplung der Quer- und Gierbewegung in der Querdynamikregelung ist die Kenntnis der Reifenseitenkraft eines Vorderrades bei der Stellgrößenverteilung notwendig, weshalb das Reifenmodell Rad vorne links in der Struktur vorhanden ist. Eine Stellgrößenbegrenzung der linearen Regler für die Längs- und Querdynamik erfolgt durch die in der Stellgrößenverteilung ermittelte Kraftschlussausnutzung der Reifen.

6.2.2 Regelung der Querdynamik

Zu den Anforderungen an die Querdynamikregelung zählt ein stabiles Fahrverhalten verbunden mit Agilität. Dabei soll die Gierbewegung auch im hohen Geschwindigkeitsbereich eine gute Dämpfung aufweisen. Als Ansatz wurde eine robuste Regelung aus [Ack93] verwendet, die hinsichtlich eines Giermoments als Schnittstelle anstelle des Spurwinkels der Hinterräder modifiziert wurde. Kern dieser Regelung ist eine triangularisierende Entkopplung, bei der die Quer- und Gierbewegung entkoppelt werden.

[Ack93] beschreibt die Grundidee bei der triangularisierenden Entkopplung. Durch eine Zustandsvektorrückführung und einer anschließenden Ähnlichkeitstransformation ist eine Dreiecksform der Übertragungsmatrix herzustellen. Damit wird das Mehrgrößensystem in mehrere Eingrößensysteme aufgespalten, dessen Regler separat voneinander entworfen werden und den Reglerentwurf des Mehrgrößensystems vereinfachen. Ausgehend vom Zustandsraum eines Mehrgrößensystems:

$$\begin{aligned} \underline{\dot{x}} &= \underline{\underline{A}} \cdot \underline{x} + \underline{\underline{B}} \cdot \underline{u} \\ \underline{y} &= \underline{\underline{C}} \cdot \underline{x} \end{aligned} \tag{6.1}$$

erfolgt eine Ausgangsvektorrückführung mit der Matrix K:

$$\underline{u} = -\underline{\underline{K}} \cdot \underline{y} + \underline{w} \tag{6.2}$$

Dabei ist die Matrix K so zu finden, dass durch Ähnlichkeitstransformation mit der Matrix T der transformierte Zustandsraum die folgende Form annimmt:

$$\begin{aligned} \underline{\underline{T}} \cdot \left[\underline{\underline{A}} - \underline{\underline{B}} \cdot \underline{\underline{K}} \cdot \underline{\underline{C}}\right] \cdot \underline{\underline{T}}^{-1} &= \begin{bmatrix} A_{11} & 0 \\ A_{21} & A_{22} \end{bmatrix} \\ \underline{\underline{T}} \cdot \underline{\underline{B}} &= \begin{bmatrix} B_{11} & 0 \\ B_{21} & B_{22} \end{bmatrix} \\ \underline{\underline{C}} \cdot \underline{\underline{T}}^{-1} &= \begin{bmatrix} C_{11} & 0 \\ C_{21} & C_{22} \end{bmatrix} \end{aligned} \tag{6.3}$$

mit dem Eingang, dem transformierten Zustand und dem Ausgang

$$\underline{u} = \begin{bmatrix} u_1 \\ u_2 \end{bmatrix}, \quad \underline{\underline{T}} \cdot \underline{x} = \begin{bmatrix} x_1 \\ x_2 \end{bmatrix}, \quad y = \begin{bmatrix} y_1 \\ y_2 \end{bmatrix}$$

Diese Ähnlichkeitstransformation ermöglicht ein Aufspalten in zwei Teilsysteme. [Kal63, Gil63] zeigen, dass das erste Teilsystem

$$\begin{aligned} \dot{x}_1 &= A_{11} \cdot x_1 + B_{11} \cdot u_1 \\ y_1 &= C_{11} \cdot x_1 \end{aligned} \tag{6.4}$$

nicht vom zweiten Eingang u_2 aus steuerbar ist. Weiterhin ist der Zustand x_2 des zweiten Teilsystems

$$\begin{aligned} \dot{x}_2 &= A_{22} \cdot x_2 + B_{21} \cdot u_1 + B_{22} \cdot u_2 + A_{21} \cdot x_1 \\ y_2 &= C_{22} \cdot x_2 + C_{21} \cdot x_1 \end{aligned} \tag{6.5}$$

nicht vom Ausgang y_1 aus beobachtbar.

Abbildung 6-3 zeigt das Blockschaltbild des triangularisierten Systems mit zwei dezentralen Reglern.

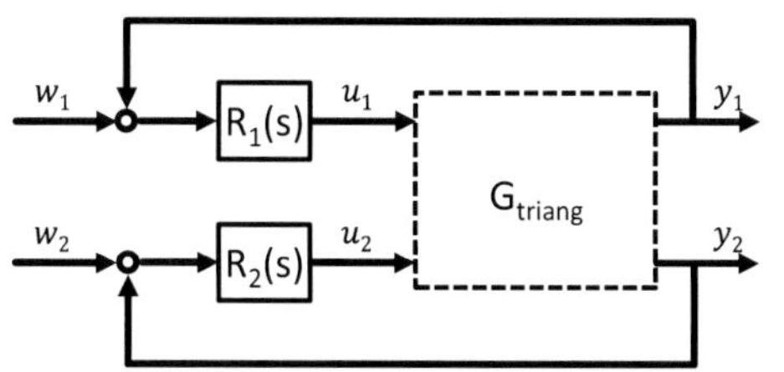

Abbildung 6-3: Blockschaltbild des triangularisierten Systems mit dezentralen Reglern

Die Übertragungsmatrix G_{triang} weist dabei eine Dreiecksform auf:

$$\begin{bmatrix} y_1(s) \\ y_2(s) \end{bmatrix} = \begin{bmatrix} G_{11}(s) & 0 \\ G_{21}(s) & G_{22}(s) \end{bmatrix} \cdot \begin{bmatrix} u_1(s) \\ u_2(s) \end{bmatrix} \tag{6.6}$$

Die Eigenwerte des ersten Teilsystems G_{11} können nur durch den Regler R_1 und beim zweiten Teilsystem nur durch den Regler R_2 verschoben werden. Obwohl die Übertragungsmatrix keine Diagnonalform hat, kann von Entkopplung gesprochen werden [Ack93]. Die Eigenwerte sind zwar entkoppelt, jedoch sind die Eigenvektoren nicht entkoppelt.

Nach [Ack93] gibt es kein allgemeines Verfahren zum Auffinden der triangularisierenden Matrix K. Bei einem Fahrzeug mit Vorder- und Hinterradlenkung lässt sich mit Rückführung der Giergeschwindigkeit eine triangularisierende Matrix K finden. Die triangularisierende Entkopplung und die Reglersynthese der Teilregler können dem Anhang entnommen werden.

Bei der resultierenden Querdynamikregelung wird mit dem ersten Teilsystem für die Querbeschleunigung der Vorderachse ein PT_1-Verhalten erzielt, dessen Dynamik unabhängig von der Fahrgeschwindigkeit ist und über den Faktor k_s beeinflusst wird (Abbildung 6-4). Als Stellgröße dient dabei der Spurwinkel der Vorderachse δ_v. Das zweite Teilsystem mit seiner Regelung dient zur Dämpfung der Gierrate mit dem Giermoment M_z als Stellgröße. Abbildung 6-4 stellt das Blockschaltbild mit den zur Entkopplung notwendigen Teilelementen, den beiden Reglern und den Vorfiltern dar.

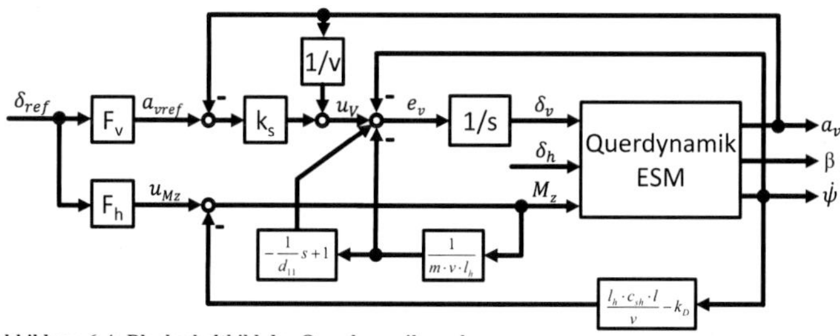

Abbildung 6-4: Blockschaltbild der Querdynamikregelung

Als Schnittstellen zur Stellgrößenverteilung dienen der Spurwinkel der Vorderachse und das Giermoment M_z. Die Vorfilter werden für neutrales Eigenlenkverhalten ausgelegt, womit eine Kompensation des Schwimmwinkels angestrebt wird. Nach [Ber89, Don89, Ahr94] entspricht dies dem Maximum an Fahrstabilität, da ein Schwimmwinkelaufbau zu einer zeitlichen Verzögerung des Querbeschleunigungsaufbaus und damit der gewünschten Kursänderung führt. Weiterhin wird die bahntangentiale Fahrt von den meisten Fahrern subjektiv als positiv beurteilt [Ahr94], wobei die Warnfunktion in fahrdynamisch kritischen Situationen dadurch verloren geht. Zur Ankündigung der Grenzen des fahrdynamisch stabilen Bereichs ist bei höheren Querbeschleunigungen ein gewisser Schwimmwinkel zuzulassen [Fei10, Ber89]. Nach [Don89] entspricht eine frei gestaltbare Steigung des Schwimmwinkels über der Querbeschleunigung den Erwartungen des Fahrers.

6.2.3 Regelung der Längsdynamik

Die Anforderungen für die Regelung der Längsdynamik des M-Mobiles sind:

- Stationäre Genauigkeit der Fahrgeschwindigkeit (zur Durchführung von Fahrmanövern mit konstanter Geschwindigkeit) verbunden mit gutem Störverhalten, z.B. bei Auffahrt einer steilen Anhängerrampe
- Definierte, gleichmäßige Beschleunigung für Fahrkomfort
- Zeitvariante Begrenzung der Antriebskraft bzw. der rekuperierenden Bremskraft zum thermischen Schutz der Antriebsmotoren und Leistungselektronik und zum Schutz des Akkus

Neben dem thermischen Schutz kann die Begrenzung der Antriebskraft auch für eine energieoptimale Beschleunigung unter Einhaltung des besten Gesamtwirkungsgrades genutzt werden.

Als Ansatz für die Regelung wurde ein Geschwindigkeitsregler für ein konventionelles Fahrzeug mit Verbrennungsmotor aus [May01] verwendet, der zwar ein gleichmäßiges Beschleunigungsverhalten sicherstellt, jedoch Defizite in der Berücksichtigung der Fahrwiderstände aufweist und somit keine stationäre Genauigkeit sicherstellt. Diese Regelung wurde hinsichtlich der Schnittstellen für ein Elektrofahrzeug modifiziert und zur Erfüllung der stationären Genauigkeit unter allen Fahrbedingungen erweitert.

Für die Synthese der Längsdynamikregelung wird das Fahrzeug vereinfacht als starrer Körper mit einem Freiheitsgrad in Längsrichtung betrachtet. Mit der Antriebskraft F_x und der Summe der Fahrwiderstände F_W, die zusammengefasst aus Roll-, Luft- und Steigungswiderstand besteht, wird die Längsbewegung durch die Impulsbilanz beschrieben:

$$m_{ers} \cdot \dot{v}_x = F_x - F_W \qquad \textbf{(6.7)}$$

Dabei berücksichtigt die Ersatzmasse des Fahrzeugs m_{ers} auch die rotatorischen Trägheiten des Antriebsstrangs. Die hohe Dynamik des Antriebskraftaufbaus wird bei der Synthese vernachlässigt, da diese gegenüber der Längsdynamik des Fahrzeugs in einem deutlich höheren Frequenzbereich liegt. Wegen des integralen Verhaltens der

Strecke verwendet [May01] einen P-Regler, der bei der Regelung der Fahrgeschwindigkeit v_x zum gewünschten PT_1-Verhalten führt. Dieses beschreibt folgende Gleichung:

$$T_{vx} \cdot \dot{v}_x + v_x = v_{x,w} \tag{6.8}$$

Mit T_{vx} als Regelparameter zur Einstellung der Verzögerungszeit für das gewünschte kontrollierte Verhalten und $v_{x,w}$ als Führungsgröße. Wird Gleichung (6.8) nun nach der Ableitung der Geschwindigkeit umgestellt und in Gleichung (6.7) eingesetzt, so ergibt sich das proportionale Regelgesetz mit der Antriebskraft F_x als Stellgröße:

$$F_x = \frac{m_{ers}}{T_{vx}} \cdot \left(v_{x,w} - v_x\right) + F_W \tag{6.9}$$

Wird als Antriebskraft die Regelabweichung proportional verstärkt und in Summe mit den Widerstandskräften auf das System aufgeschaltet, so ergibt sich das gewünschte lineare Verhalten erster Ordnung. Stationäre Genauigkeit wird aber nur erlangt, wenn die vorhandenen Fahrwiderstandskräfte aufgeschaltet werden. Diese liegen dem System nicht als Information vor und stellen eine Störgröße bei der Regelung dar. Zur Minderung dieses Störeinflusses verwendet [May01] ein Kennfeld, welches aus der Stellgröße der Längskraft F_x und der Fahrgeschwindigkeit v_x einen Drosselklappenwinkel für den Verbrennungsmotor ableitet. Damit wird in Summe neben den Fahrwiderständen auch der Reibungswiderstand im gesamten Antriebsstrang behoben. Diese Maßnahme kann die Anforderungen an stationäre Genauigkeit bei einer geschwindigkeitsgeregelten Autobahnfahrt in gewissen Grenzen erfüllen. An die Längsdynamikregelung des M-Mobiles hingegen werden höhere Anforderungen gestellt. Für den autonomen Fahrbetrieb bzw. eine Fernsteuerung ist bereits beim Anfahren aus dem Stillstand die gewünschte Fahrgeschwindigkeit präzise einzustellen. Die Kompensation einer nahezu sprunghaften Änderung der Fahrbahnsteigung, wie sie bei einer Bordstein- oder steilen Rampenauffahrt vorkommt, ist durch den Längsdynamikregler sicherzustellen. Herausfordernd hierbei ist, dass sich die Störgröße unverzüglich und mit großen Werten ändert. Ein einfacher PI-Regler erfüllt nicht die gewünschte Dynamik beim Störverhalten.

Durch eine strukturelle Maßnahme $G_{Korr,vx}$ mit einer Hilfsgrößenaufschaltung als Ergänzung zur Stellgröße des Reglers $G_{R,vx}$ wird der Störeinfluss aller unbekannten Fahr- und Reibungswiderstände kompensiert (Abbildung 6-5). Auf Basis eines Referenzmodells $G_{ref,vx}$ wird das gewünschte PT_1-Verhalten der Fahrgeschwindigkeit, auch mit den in den Anforderungen genannten Begrenzungen, abgebildet. Tritt bedingt durch Störeinflüsse eine Abweichung in der Fahrgeschwindigkeit auf, wird diese durch das Signal $e_{Korr,vx}$ erfasst. Über das Korrekturglied $G_{Korr,vx}$ erfolgt dann eine Ergänzung der Stellgröße zur Kompensation der Abweichung in der Fahrgeschwindigkeit.

Die Struktur der genannten Längsdynamikregelung zeigt Abbildung 6-5. Als Schnittstelle zur Stellgrößenverteilung dient die geforderte Fahrzeuglängskraft F_x. Durch die Stellgrößenverteilung erfolgt eine Aufteilung von F_x auf alle vier Räder. Die vollständige modellbasierte Herleitung der Längsdynamikregelung ist dem Anhang zu entnehmen.

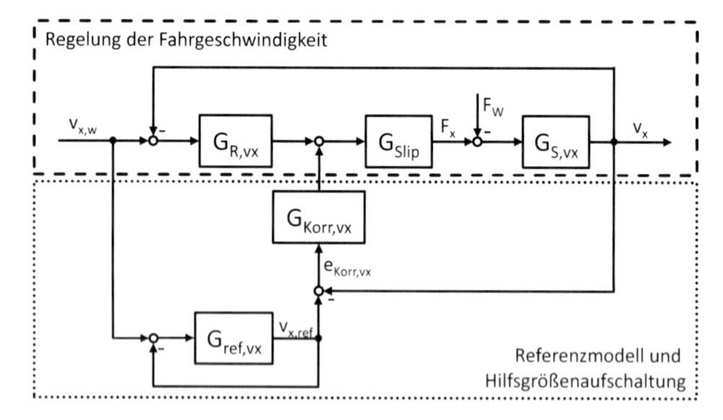

Abbildung 6-5: Struktur der Längsdynamikregelung

Für die Hilfsgrößenaufschaltung wird die Fahrgeschwindigkeit v_x anstelle der Längsbeschleunigung herangezogen. Zwar liegt zwischen den Signalen eine Integrationsstufe, wodurch das Geschwindigkeitssignal gegenüber dem Beschleunigungssignal verzögert ist, doch ist das Signal der Fahrgeschwindigkeit rauschärmer und enthält auch keine gravitationsbedingten Einflüsse bei Fahrbahnsteigungen und –neigungen.

Folgende Vorteile weist die gewählte Regelstruktur auf:

- Mit der Hilfsgrößenaufschaltung wird die stationäre Genauigkeit der Fahrgeschwindigkeit unter allen Fahrbedingungen sichergestellt. Limitierende Faktoren sind die technischen Grenzen des Antriebsstrangs.
- Über das Referenzmodell $G_{ref,vx}$ können alle geforderten Begrenzungen umgesetzt werden (Längsbeschleunigung, Antriebskraft, Motorstrom), um eine komfortable Längsdynamik mit der Möglichkeit der energieoptimalen Beschleunigung zu gewährleisten.
- Schwankungen in Systemparametern, wie der Fahrzeugmasse, wirken sich strukturbedingt nicht auf das geregelte Verhalten aus. Das gewünschte Verhalten entstammt dem Referenzmodell.
- Als Messwert ist nur die Fahrgeschwindigkeit erforderlich. Auf Hochreibwert kann diese aufgrund des geringen Reifenlängsschlupfs zuverlässig aus den Raddrehzahlen näherungsweise bestimmt werden. Die wesentlich stärker rauschbehaftete Längsbeschleunigung ist nicht erforderlich.
- Bei bekanntem Fahrzeuggewicht stehen unmittelbar der Gesamtfahrwiderstand mit dem Reibungswiderstand des Antriebsstrangs als Information zur Verfügung.
- Strukturbedingt kann die Regelung auf eine reine Beschleunigungsregelung mit wenig Aufwand modifiziert werden. Die Führungsgröße könnte direkt an das Fahr- und Bremspedal eines konventionellen Fahrzeugs gekoppelt werden.

Eine Simulation zur Verifikation der Längsdynamikregelung des M-Mobiles mit seinen berücksichtigten Begrenzungen illustriert Abbildung 6-6. Das Ergebnis wurde mit einer Gesamtfahrzeugsimulation erzielt, die die Dynamik der Traktionsmaschinen, des Rades und des Reifens abbildet.

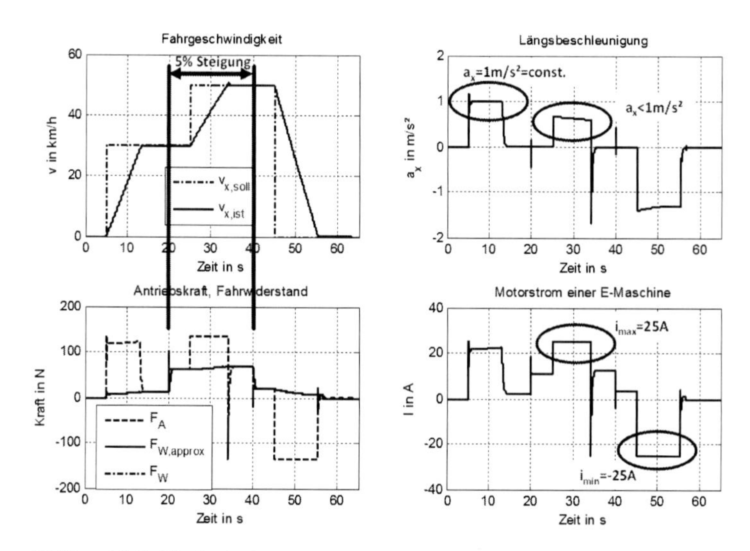

Abbildung 6-6: Verifikation der Längsdynamikregelung

Vom Fahrzeugstillstand aus wird mit einer gewünschten, gleichmäßigen Beschleunigung von $a_x = 1 m/s^2$ auf $v_x = 30$ km/h beschleunigt. Danach wird zum Zeitpunkt t = 20 s eine Fahrbahnsteigung von 5 % sprungartig aufgeschaltet. Bei der dann weiteren Beschleunigung auf $v_x = 50$ km/h wird die definierte Strombegrenzung von $i_{max} = 25$ A aktiv, woraus eine geringere Beschleunigung resultiert. Nach dem Abschalten der Steigung erfolgt eine Verzögerung bis zum Fahrzeugstillstand mit aktiver Strombegrenzung von $i_{min} = -25$ A. In dem Verlauf zum Fahrwiderstand wird deutlich, dass der approximierte Fahrwiderstand mit dem tatsächlichen übereinstimmt. Lediglich bei transienten Übergängen treten leichte Verzögerungen auf. Dieses Simulationsergebnis verifiziert die Funktionsweise der Längsdynamikregelung mit allen an sie gestellten Anforderungen.

Mit der Schnittstelle der Fahrzeuglängskraft F_x erfolgt das kooperative Bremsen, d.h. das kombinierte Wirken des generatorischen Betriebs und der Reibbremse, in einer unterlagerten Informationsverarbeitung. In Ergänzung mit überlagerten Assistenzfunktionen wird dabei das Ziel der maximalen Energierückgewinnung verfolgt. Diese Funktionen sind jedoch nicht Bestandteil der vorliegenden Arbeit.

6.2.4 Stellgrößenverteilung für eine integrierte Horizontaldynamik

Eine Fahrzeugkonfiguration mit vier stellbaren Umfangs- und vier stellbaren Seitenkräften stellt zur Beeinflussung der Längs- und Querdynamik ein überbestimmtes System dar. Aufgabe der Stellgrößenverteilung ist es das geforderte Giermoment und die geforderte Gesamtlängskraft auf die Führungsgrößen der lokalen Informationsverarbeitung zu verteilen, wobei durch Randbedingungen die

Überbestimmtheit hinsichtlich einer eindeutigen Lösung eliminiert werden muss. Mit dem Ziel einer identischen Kraftschlussausnutzung aller Reifen und der Skalierbarkeit der Kamm'schen Kreise entsteht ein mathematisch bestimmtes System und die Eingangsgrößen des Mehrgrößensystems lassen sich auf ein Rad reduzieren, wodurch die Berechnung erheblich vereinfacht wird und eine analytische Lösung möglich ist. Als Randbedingungen zur Eliminierung der Überbestimmtheit wirken die Seitenkräfte an einer Achse stets in die gleiche Richtung. Entsprechend den energetischen Erkenntnissen zu aktiven Fahrwerkregelsystemen wirken als Randbedingung für einen energieeffizienten Gesamtbetrieb alle Reifenumfangskräfte in dieselbe Richtung [Buc13]. Giermomentbeiträge der Reifenumfangskräfte resultieren dann aus der dynamischen Radlastverlagerung in Querrichtung bei Kurvenfahrt. Diese Einschränkung wird hingenommen, da Torque Vectoring Systeme im Vergleich zu Hinterradlenkungen eine geringe querdynamische Wirkung haben und ebenfalls energetisch unterlegen sind (Abschnitt 3.1.1). Damit werden allerdings auch Zielkonflikte mit der Längsdynamik verhindert. Die gleiche Richtung der Umfangskräfte sichert ein gleichbleibendes Beschleunigungsvermögen und führt zu einer nahezu gleichermaßen Belastung der Traktionsantriebe, was sich im gleichmäßigen thermischen Verhalten widerspiegelt.

Nachfolgend wird die Stellgrößenverteilung hergeleitet. Zunächst wird dafür zur Vereinfachung des Ansatzes der Giermomentbeitrag aller Reifen auf einen reduziert und dann die Stellmöglichkeiten aus Umfangs- und Seitenkraft untersucht. Das physikalische Modell hierfür zeigt Abbildung 6-7. Exemplarisch für eine Beschleunigung in einer Linkskurve sind die Reifenumfangs- $F_{x,i}$ und Reifenseitenkräfte $F_{y,i}$ in den Rad-KOS dargestellt. Die resultierende Reifenkraft wird durch einen grauen Vektor abgebildet und durch einen gestrichelten Kreis umrahmt.

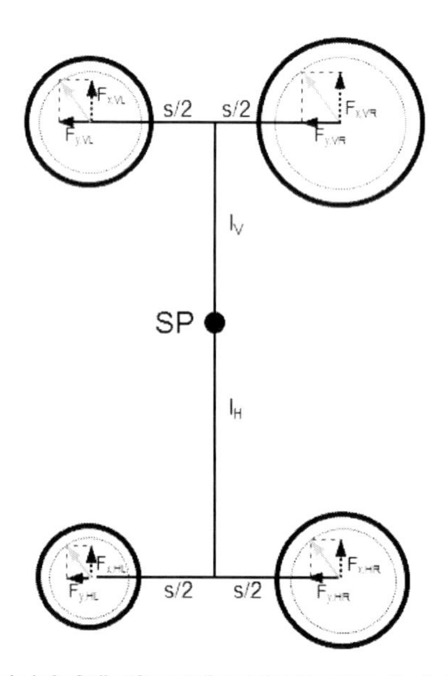

Abbildung 6-7: Exemplarische Stellgrößenverteilung bei gleichmäßiger Kraftschlussausnutzung

Der Kamm'sche Kreis, der den maximalen Kraftschluss repräsentiert, wird durch einen Vollkreis dargestellt. Das Verhältnis der Radien beider Kreise symbolisiert die Kraftschlussausnutzung, die in Abbildung 6-7 bei allen Reifen identisch ist.

Für den Grenzfall bei vollständiger Kraftschlussausnutzung aller Reifen gilt für die Berechnung des Giermoments M_z:

$$M_z = -l_H \cdot \left(F_{y,HL} + F_{y,HR}\right) + \frac{s}{2} \cdot \left(\sqrt{F^2_{\max,HR} - F^2_{y,HR}} - \sqrt{F^2_{\max,HL} - F^2_{y,HL}}\right) + \frac{s}{2} \cdot \left(\sqrt{F^2_{\max,VR} - F^2_{y,VR}} - \sqrt{F^2_{\max,VL} - F^2_{y,VL}}\right) \tag{6.10}$$

Dabei wird eine Begrenzung der Reifenkräfte durch den Kamm'schen Kreis berücksichtigt und eine Transformation vom Rad-KOS ins radfeste KOS, welches sich gegenüber dem Rad-KOS nur durch einen Spurwinkel von Null Grad unterscheidet, aufgrund kleiner Spurwinkel vernachlässigt. Diese Vereinfachung wird getroffen, da im querdynamisch relevanten Fahrbetrieb aufgrund der Fahrgeschwindigkeit verhältnismäßig kleine Spurwinkel auftreten. Ferner tragen wegen der Entkopplung der Quer- und Gierbewegung in der Querdynamikregelung die Seitenkräfte der Vorderachse $F_{y,VL}$ und $F_{y,VR}$ nicht zum Giermoment bei.

Zur Skalierung der Reifenkräfte werden Verhältnisfaktoren eingeführt, die die max. Reifenkräfte auf das Rad hinten links beziehen:

$$k_{VL} = \frac{F_{\max,VL}}{F_{\max,HL}} \tag{6.11}$$

$$k_{VR} = \frac{F_{\max,VR}}{F_{\max,HL}} \tag{6.12}$$

$$k_{HR} = \frac{F_{\max,HR}}{F_{\max,HL}} = \frac{F_{x,HR}}{F_{x,HL}} = \frac{F_{y,HR}}{F_{y,HL}} \tag{6.13}$$

Das Rad hinten links wird als Basis für die Berechnungen gewählt, jedoch könnte auch ein anderes Rad als Bezug bestimmt werden. Die maximalen Reifenkräfte ergeben sich aus der Radlast, dem Kraftschlussbeiwert und dem mit zunehmender Radlast degressiven Reifenverhalten (Abschnitt *4.2.3*). Der Kraftschlussbeiwert wird durch Schätzung als bekannt angenommen, die nicht Teil dieser Arbeit ist.

Zur Berücksichtigung der Vorzeichen der Wurzelterme werden die Vorzeichenfaktoren $v_{x,VL}$, $v_{x,VR}$, $v_{x,HL}$, $v_{x,HR}$ eingeführt. Diese nehmen die Werte -1 bzw. 1 an. Mit den Gleichungen (6.11)-(6.13) vereinfacht sich Gleichung (6.10) zu:

$$M_z = -l_H \cdot \left(1 + k_{HR}\right) \cdot F_{y,HL} + \frac{s}{2} \cdot \left(v_{x,HR} \cdot k_{HR} - v_{x,HL}\right) \cdot \sqrt{F^2_{\max,HL} - F^2_{y,HL}} + \frac{s}{2} \cdot \left(v_{x,VR} \cdot k_{VR} \sqrt{F^2_{\max,HL} - \left(\frac{F_{y,VR}}{k_{VR}}\right)^2} - v_{x,VL} \cdot k_{VL} \sqrt{F^2_{\max,HL} - \left(\frac{F_{y,VL}}{k_{VL}}\right)^2} \right) \tag{6.14}$$

Weiterhin wird zur Verringerung der Eingangsgrößen die Seitenkraft $F_{y,VR}$ eliminiert. Mit einer Skalierung der Reifenkräfte an den Vorderrädern über die Kamm'schen Kreise

$$F_{y,VR} = \frac{F_{\max,VR}}{F_{\max,VL}} \cdot F_{y,VL} \tag{6.15}$$

und den Gleichungen (6.11)-(6.13) folgt durch Division von Gleichung (6.15) mit Gleichung (6.12):

$$\frac{F_{y,VR}}{k_{VR}} = \frac{F_{\max,VR}}{F_{\max,VL}} \cdot F_{y,VL} \cdot \frac{F_{\max,HL}}{F_{\max,VR}} = \frac{F_{y,VL}}{k_{VL}} \tag{6.16}$$

Die Ausgangsgleichung vereinfacht sich nun zu:

$$\begin{aligned} M_z = & -l_H \cdot (1 + k_{HR}) \cdot F_{y,HL} + \frac{s}{2} \cdot (v_{x,HR} \cdot k_{HR} - v_{x,HL}) \cdot \sqrt{F_{\max,HL}^2 - F_{y,HL}^2} + \\ & \frac{s}{2} \cdot (v_{x,VR} \cdot k_{VR} - v_{x,VL} \cdot k_{VL}) \cdot \sqrt{F_{\max,HL}^2 - \left(\frac{F_{y,VL}}{k_{VL}} \right)^2} \end{aligned} \tag{6.17}$$

Damit kann das Giermoment in Abhängigkeit von der Seitenkraft des Reifens hinten links $F_{y,HL}$, der maximalen Reifenkraft $F_{\max,HL}$ und aufgrund der Entkopplung in der Querdynamikregelung der Reifenseitenkraft vorne links $F_{y,VL}$ bestimmt werden. Für die Stellgrößenverteilung wird durch Invertierung dieser Gleichung die für ein gefordertes Giermoment notwendige Reifenseitenkraft hinten links bei vollständiger Kraftschlussausnutzung bestimmt. Über den Kamm'schen Kreis kann dann auf die zulässige Umfangskraft geschlossen werden.

Abbildung 6-8 stellt das Giermoment nach Gleichung (6.17) in Abhängigkeit der Reifenseitenkraft hinten links dar. Die zeitvarianten Parameter sind für eine Linkskurvenfahrt gewählt, wobei alle Reifenumfangskräfte in die gleiche Richtung wirken. Neben dem resultierenden Giermoment sind auch die Giermomentbeiträge, aus den Seitenkräften der Hinterachse, aus den Umfangskräften der Hinter- und separat auch der Vorderachse und auch der Gesamtbeitrag der Hinterachse dargestellt. Weiterhin ist die aus dem Kamm'schen Kreis resultierende Umfangskraft in Abhängigkeit der Seitenkraft abgebildet.

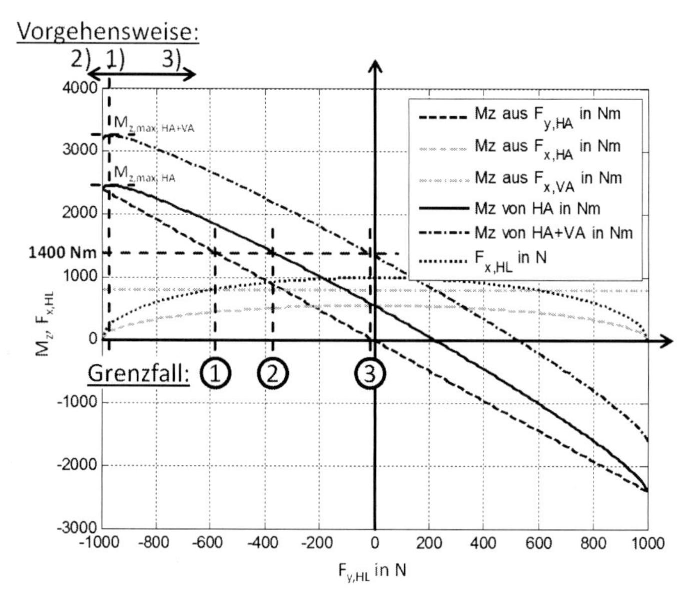

Abbildung 6-8: Giermoment als Funktion der Umfangs- und Seitenkräfte

Unter Berücksichtigung der Kamm'schen Kreise ergeben sich folgende Möglichkeiten zum Giermomentaufbau:

- Durch reine Reifenseitenkräfte (angewandt bei z. B. aktiver Vorderradlenkung mit Winkelüberlagerung bzw. Hinterradlenkung)
- durch reine Reifenumfangskräfte (angewandt beim Torque Vectoring)
- Kombination aus Reifenseiten- und Reifenumfangskräften (genutzt durch integrierte Fahrdynamikregelsysteme)

Exemplarisch werden diese Möglichkeiten anhand eines kurveneindrehenden Giermoments von 1400 Nm, welches in Abbildung 6-8 eingezeichnet ist, beschrieben. Mit den vorhandenen Schnittstellen und der vorliegenden Entkopplung für die Querdynamik werden diese drei Möglichkeiten mit ihren Grenzfällen unterschieden:

➢ <u>Grenzfall 1: Giermoment durch Seitenkräfte</u>
Werden keine Umfangskräfte gefordert, kann das Giermoment allein über die Hinterradlenkung mit einer Seitenkraft von etwa $F_{y,HL} = -580$ N aufgebracht werden (Grenzfall 1).

➢ <u>Grenzfall 2: Giermoment aus Umfangs- und Seitenkräften bei vollständiger Kraftschlussausnutzung (Beitrag nur von Hinterachse)</u>
Werden Umfangskräfte für die Längsdynamik gefordert, so kann das zu stellende Giermoment aus einer Seitenkraft von etwa $F_{y,HL} = -380$ N gemeinsam mit einer Längskraft von max. etwa $F_{x,HL} = 900$ N (Grenzfall 2) am Rad hinten links bei vollständiger Kraftschlussausnutzung erzielt werden. Geringere

Umfangskräfte sind bei entsprechend stärkerer Nutzung der aktiven Lenkung möglich.

- <u>Grenzfall 3: Giermoment aus Umfangs- und Seitenkräften bei vollständiger Kraftschlussausnutzung (Beitrag von Hinter- und Vorderachse)</u>
  Ähnlich wie im Fall 2 kann das zu stellende Giermoment durch Zunahme der Vorderachse mit deutlich höheren Antriebskräften erzielt werden (Grenzfall 3). Der Giermomentbeitrag der Lenkung wird dann nahezu Null, der Kraftschluss wird fast nur über Umfangskräfte genutzt. Das geforderte Giermoment kommt dabei durch die Umfangskraftunterschiede zustande, die aus der dynamischen Radlaständerung (in Querrichtung) resultieren.

Zur Sicherstellung von Fahrstabilität ist stets das geforderte Giermoment zu erfüllen. Folglich ist im Falle einer Begrenzung des geforderten Giermoments und der geforderten Längskraft das Giermoment hinsichtlich der Fahrstabilität stärker zu priorisieren. Entsprechend wird die Vorgehensweise bei der Berechnung der einzelnen Reifenkräfte festgelegt. Ausgehend vom geforderten Giermoment wird die max. zulässige Längskraft, die das Erfüllen des gewünschten Giermoments sicherstellt, bestimmt. Diese dient dann zur Begrenzung der geforderten Längskraft. Exemplarisch illustriert Abbildung 6-9 die Vorgehensweise zur Bestimmung der Reifenkräfte für die Fahrsituation, die in Abbildung 6-8 zu Grunde gelegt wird (Linkskurvenfahrt mit antreibenden Längskräften und kurveneindrehendem Giermoment).

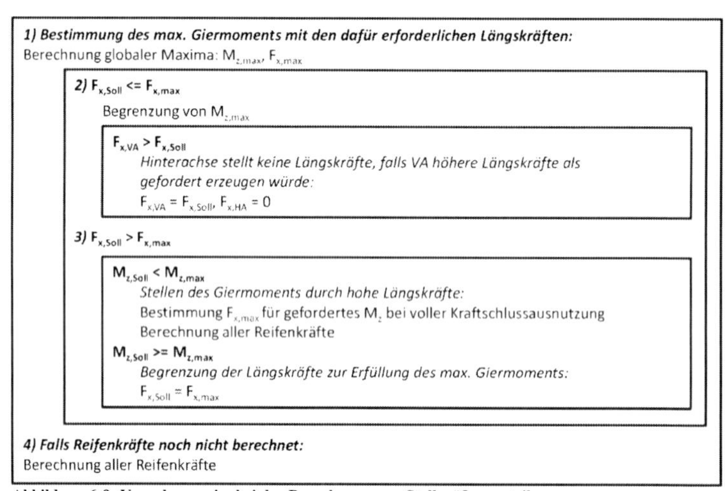

Abbildung 6-9: Vorgehensweise bei der Berechnung zur Stellgrößenverteilung

Zunächst wird für den Fall einer vollständigen Kraftschlussausnutzung das max. Giermoment $M_{z,max}$ mit den dafür erforderlichen Längskräften $F_{x,max}$ berechnet (gekennzeichnet mit *Vorgehensweise 1)* in Abbildung 6-8). Diese Werte dienen als Grenzwerte bei der Bestimmung der Reifenkräfte für das max. erzielbare Giermoment. Werden geringere Längskräfte als für das Giermomentmaximum erforderlich benötigt, so erfolgt in 2) eine weitere Begrenzung des max. Giermoments (gekennzeichnet mit *Vorgehensweise 2)* in Abbildung 6-8). Falls hierbei bei gleichmäßiger Kraftschlussausnutzung aller Reifen die Vorderräder eine höhere Längskraft als die geforderte aufbringen, so wird die Längskraft allein durch die Vorderräder aufgebracht, die Traktionsantriebe an der Hinterachse liefern dann kein Moment. Dieser geringere Kraftschluss an der Hinterachse erhöht die Sicherheitsreserven und auch die Vorderachse weist eine geringere Kraftschlussausnutzung auf.

In 3), wo höhere Längskräfte gegenüber des Arbeitspunkts des globalen Giermomentmaximums gefordert werden, wird in Abhängigkeit vom geforderten Giermoment unterschieden (gekennzeichnet mit *Vorgehensweise 3)* in Abbildung 6-8). Für ein höheres Giermoment als das globale Maximum wird die Längskraft auf den dafür notwendigen Wert begrenzt. Bei einem geringeren Giermoment hingegen, wird das Maximum der Längskraft für eine vollständige Kraftschlussausnutzung erhöht und anschließend die Reifenkräfte berechnet. Dieser Fall stellt einen häufigen Betriebsfall dar, wo vergleichsweise ein geringes Giermoment und hohe Längskräfte zum Bremsen oder Beschleunigen erforderlich sind. Nachdem sämtliche Extremwerte, die aus den Kamm'schen Kreisen aller Reifen resultieren, zur Begrenzung der geforderten Längskräfte und des Giermoments bestimmt wurden, erfolgt unter 4) die Berechnung der Reifenkräfte, falls bereits in 3) nicht geschehen. Dabei wird berücksichtigt, dass bei der Verteilung des geforderten Giermoments im Fall einer höheren Kraftschlussausnutzung der Vorderachse gegenüber der Hinterachse, diese das Giermoment allein erzeugt zur Entlastung der Vorderachse. Dieser Fall tritt bei sehr hohen Seitenkräften an der Vorderachse und bei geringer Giermoment- und Längskraftanforderung auf.

Nachfolgend wird die Verteilung der Stellgrößen auf alle Reifen hergeleitet. Die Bestimmung der Extrema als Grenzfall erfolgt nicht auf klassischem Weg mittels Extremwertberechnung, sondern über die Diskriminante der inversen Gleichung, da diese auch für spätere Berechnungen benötigt wird. Dazu wird zunächst unterschieden in einen Giermomentanteil der Vorder- und einen Anteil der Hinterachse:

$$M_{z,VA} = \frac{s}{2} \cdot \left(v_{x,VR} \cdot k_{VR} - v_{x,VL} \cdot k_{VL}\right) \cdot \sqrt{F_{\max,HL}^2 - \left(\frac{F_{y,VL}}{k_{VL}}\right)^2} \tag{6.18}$$

$$M_{z,HA} = -l_H \cdot \left(1 + k_{HR}\right) \cdot F_{y,HL} + \frac{s}{2} \cdot \left(v_{x,HR} \cdot k_{HR} - v_{x,HL}\right) \cdot \sqrt{F_{\max,HL}^2 - F_{y,HL}^2} \tag{6.19}$$

Der Beitrag der Vorderachse bewirkt nur ein Offset des Giermoments, da die Wechselwirkungen zwischen Reifenumfangs- und Reifenseitenkraft nicht eingehen. Aufgrund der Entkopplung in der Querdynamikregelung tragen die Reifenseitenkräfte der Vorderachse nicht zum Giermoment bei. Bei der Hinterachse sind die Wechselwirkungen der Reifenkräfte zu berücksichtigen. Für die inverse Gleichung wird $M_{z,HA}$ nach der Seitenkraft $F_{y,HL}$ umgestellt:

$$F_{y,HL} = -\frac{4 \cdot M_{z,HA} \cdot \left(1 + k_{HR}\right) \cdot l_H - s \cdot \left(v_{x,HR} \cdot k_{HR} - v_{x,HL}\right) \cdot}{s^2 \cdot \left(v_{x,HR} \cdot k_{HR} - v_{x,HL}\right)^2 + 4 \cdot \left(1 + k_{HR}\right)^2 \cdot l_H^2}$$
$$\frac{\sqrt{F_{\max,HL}^2 \cdot \left(s^2 \cdot \left(v_{x,HR} \cdot k_{HR} - v_{x,HL}\right)^2 + 4 \cdot \left(1 + k_{HR}\right)^2 \cdot l_H^2\right) - 4 \cdot M_{z,HA}^2}}{} \tag{6.20}$$

Die Diskriminante unter der Wurzel entscheidet über die Anzahl der Lösungen. Im Extremum wird die Diskriminante zu Null, da nur eine Lösung existiert:

$$F_{\max,HL}^2 \cdot \left(s^2 \cdot \left(v_{x,HR} \cdot k_{HR} - v_{x,HL}\right)^2 + 4 \cdot \left(1 + k_{HR}\right)^2 \cdot l_H^2\right) - 4 \cdot M_{z,HA}^2 = 0 \tag{6.21}$$

Aus dieser Eigenschaft lässt sich hier direkt der Extremwert bestimmen:

$$\hat{M}_{z,HA} = \frac{1}{2}\sqrt{s^2 \cdot \left(v_{x,HR} \cdot k_{HR} - v_{x,HL}\right)^2 + 4 \cdot \left(1 + k_{HR}\right)^2 \cdot l_H^2} \cdot F_{\max,HL} \tag{6.22}$$

Zum Giermomentanteil der Hinterachse kommt noch der Giermomentanteil der Vorderachse hinzu und das maximale Giermoment lautet:

$$\hat{M}_z = \hat{M}_{z,HA} + M_{z,VA} \tag{6.23}$$

Die Berechnung des Extremwerts ist notwendig, um das geforderte Giermoment auf das größtmögliche begrenzen zu können. Jedoch für Giermomente unterhalb des Maximums wird unter der vorläufigen Annahme erfüllbarer Umfangskräfte das Giermoment bestimmt zu:

$$M_z = -l_H \cdot \left(1 + k_{HR}\right) \cdot F_{y,HL} + \frac{s}{2} \cdot \left(F_{x,HR} - F_{x,HL}\right) + \frac{s}{2} \cdot \left(F_{x,VR} - F_{x,VL}\right) \tag{6.24}$$

Unter der Bedingung einer gleichmäßigen Kraftschlussausnutzung gilt:

$$\frac{F_{x,HL}^2 + F_{y,HL}^2}{F_{\max,HL}^2} = \frac{F_{x,VL}^2 + F_{y,VL}^2}{F_{\max,VL}^2} = \frac{F_{x,VL}^2 + F_{y,VL}^2}{\left(k_{VL} \cdot F_{\max,HL}\right)^2} \tag{6.25}$$

Und damit folgt für die Antriebskraft $F_{x,VL}$:

$$F_{x,VL} = \sqrt{k_{VL}^2 \cdot \left(F_{x,HL}^2 + F_{y,HL}^2\right) - F_{y,VL}^2} \tag{6.26}$$

Weiterhin kann mit Gleichung (6.16) unter der Bedingung einer gleichmäßigen Kraftschlussausnutzung geschlossen werden:

$$\frac{F_{y,VR}}{k_{VR}} = \frac{F_{y,VL}}{k_{VL}} \Rightarrow \frac{F_{x,VR}}{k_{VR}} = \frac{F_{x,VL}}{k_{VL}} \qquad F_{x,VR} = \frac{k_{VR}}{k_{VL}} \cdot F_{x,VL} \tag{6.27}$$

Aus den letzten beiden Gleichungen (6.26) und (6.27) wird das Giermoment M_z zu:

$$M_z = -l_H \cdot \left(1 + k_{HR}\right) \cdot F_{y,HL} + \frac{s}{2} \cdot \left(v_{x,HR} \cdot k_{HR} - v_{x,HL}\right) \cdot F_{x,HL} + \frac{s}{2} \cdot \left(v_{x,VR} \cdot \frac{k_{VR}}{k_{VL}} - v_{x,VL}\right) \cdot \sqrt{k_{VL}^2 \cdot \left(F_{x,HL}^2 + F_{y,HL}^2\right) - F_{y,VL}^2} \tag{6.28}$$

Wobei die Vorfaktorterme zur Vereinfachung des Ausdrucks wie folgt zusammengefasst werden:

$$b = 1 + k_{HR} \tag{6.29}$$

$$d = v_{x,HR} \cdot k_{HR} - v_{x,HL} \tag{6.30}$$

$$f = v_{x,VR} \cdot \frac{k_{VR}}{k_{VL}} - v_{x,VL} \tag{6.31}$$

Das Giermoment hängt bislang von der Umfangskraft des Rades hinten links ab. Für die Stellgrößenverteilung sollte diese durch die Gesamtlängskraft als Schnittstelle zur Längsdynamikregelung substituiert werden. Dann lässt sich für ein gefordertes Giermoment und eine geforderte Längskraft anhand einer Gleichung die unbekannte Seitenkraft $F_{y,HL}$ bestimmen. Als Ansatz zur Substitution ergibt sich die Gesamtlängskraft zu:

$$\begin{aligned} F_{x,ges} &= \left(v_{x,HR} \cdot k_{HR} + v_{x,HL}\right) \cdot F_{x,HL} + \\ &\left(v_{x,VR} \cdot \frac{k_{VR}}{k_{VL}} + v_{x,VL}\right) \cdot \sqrt{k_{VL}^2 \cdot \left(F_{x,HL}^2 + F_{y,HL}^2\right) - F_{y,VL}^2} \end{aligned} \tag{6.32}$$

Wiederum mit den zusammengefassten Vorfaktortermen zur Vereinfachung des Ausdrucks:

$$d_2 = v_{x,HR} \cdot k_{HR} + v_{x,HL} \tag{6.33}$$

$$f_2 = v_{x,VR} \cdot \frac{k_{VR}}{k_{VL}} + v_{x,VL} \tag{6.34}$$

Eine Umstellung der Gleichung für die Gesamtlängskraft nach $F_{x,HL}$ führt zu:

$$\begin{aligned} F_{x,HL} &= \frac{d_2 \cdot F_{x,ges} - f_2 \cdot \sqrt{Dis}}{-k_{VL}^2 \cdot f_2^2 + d_2^2} \\ mit\, Dis &= \left(-k_{VL}^4 \cdot F_{y,HL}^2 + k_{VL}^2 \cdot F_{y,VL}^2\right) \cdot f_2^2 + \left(F_{x,ges}^2 + d_2^2 \cdot F_{y,HL}^2\right) \cdot k_{VL}^2 - d_2^2 \cdot F_{y,VL}^2 \end{aligned} \tag{6.35}$$

Wird Gleichung (6.35) eingesetzt in Gleichung (6.28), so kann das Giermoment in Abhängigkeit von der Seitenkraft $F_{y,HL}$ und der Gesamtlängskraft $F_{x,ges}$ bestimmt werden. Ein Invertieren dieser Gleichung lässt die notwendige Seitenkraft $F_{y,HL}$ für ein gefordertes Giermoment und eine geforderte Längskraft bestimmen. Diese Gleichung kann dem Anhang entnommen werden. Zur Sicherstellung einer gleichmäßigen Kraftschlussausnutzung ist dabei auch die Seitenkraft $F_{y,VL}$ in die Gleichung einzusetzen. Mit der nun gewonnenen Seitenkraft $F_{y,HL}$ lassen sich die fehlenden Umfangs- und Seitenkräfte der weiteren Reifen berechnen. Dabei wird die Umfangskraft des Reifen hinten links mit Gleichung (6.35) bestimmt. Aus Gleichung (6.13) können die Reifenkräfte für das Rad hinten rechts bestimmt werden:

$$F_{x,HR} = k_{HR} \cdot F_{x,HL} \tag{6.36}$$

$$F_{y,HR} = k_{HR} \cdot F_{y,HL} \tag{6.37}$$

Für die Vorderachse werden die Umfangskräfte gemäß

$$F_{x,VL} = v_{x,VL} \cdot \sqrt{k_{VL}^2 \cdot \left(F_{x,HL}^2 + F_{y,HL}^2\right) - F_{y,VL}^2} \tag{6.38}$$

$$F_{x,VR} = \frac{k_{VR}}{k_{VL}} \cdot F_{x,VL} \tag{6.39}$$

bestimmt. Die Seitenkraft des Reifens vorne rechts wird berechnet zu:

$$F_{y,VR} = \frac{k_{VR}}{k_{VL}} \cdot F_{y,VL} \tag{6.40}$$

Wobei die Reifenseitenkraft vorne links eine Eingangsgröße der Stellgrößenverteilung ist.

Mit dem analytischen Ansatz treten keine Konvergenzprobleme auf, wie sie bei Ansätzen mit Optimierungsverfahren auftreten können, dafür muss auch hier die Onlinefähigkeit gewährleistet sein, d.h. für alle Definitionsbereiche sämtlicher Eingangsvariablen darf numerisch kein Abbruch erfolgen und muss die mathematisch beabsichtigte Lösung erzielt werden. Aus diesem Grund wurde zur Übersichtlichkeit und für eine zielführende Lösung die Berechnung des Ansatzes auf acht fahrdynamische Szenarien unterteilt, die die Kombinationsmöglichkeiten folgender Definitionsbereiche der Eingangsvariablen abdeckt:

- Dynamische Radlastverteilung in Querrichtung ($F_{z,HR} >= F_{z,HL}$ bzw. $F_{z,HR} < F_{z,HL}$)
- Antreiben/ Bremsen ($F_{x,ges} >= 0$ bzw. $F_{x,ges} < 0$)
- Kurvenein- bzw. kurvenausdrehendes Giermoment ($M_z >= 0$ bzw. $M_z < 0$ abhängig von der dynamischen Radlastverteilung in Querrichtung)

Damit ergeben sich die folgenden acht Szenarien:

- Szenario 1: $F_{z,HR} >= F_{z,HL}$, $F_{x,ges} >= 0$, $M_z >= 0$
- Szenario 2: $F_{z,HR} >= F_{z,HL}$, $F_{x,ges} >= 0$, $M_z < 0$
- Szenario 3: $F_{z,HR} >= F_{z,HL}$, $F_{x,ges} < 0$, $M_z >= 0$
- Szenario 4: $F_{z,HR} >= F_{z,HL}$, $F_{x,ges} < 0$, $M_z < 0$
- Szenario 5: $F_{z,HR} < F_{z,HL}$, $F_{x,ges} >= 0$, $M_z >= 0$
- Szenario 6: $F_{z,HR} < F_{z,HL}$, $F_{x,ges} >= 0$, $M_z < 0$
- Szenario 7: $F_{z,HR} < F_{z,HL}$, $F_{x,ges} < 0$, $M_z >= 0$
- Szenario 8: $F_{z,HR} < F_{z,HL}$, $F_{x,ges} < 0$, $M_z < 0$

Für die Führungsgrößenbestimmung der lokalen Lenk- und Traktionsregler wird gemäß der globalen Reglerstruktur die Fahrzeugkinematik herangezogen. Vereinfacht wird für die Verifikation des Ansatzes der Stellwinkel für die Reifenseitenkraft über die Schräglaufsteifigkeit des Rades abgeschätzt:

$$\delta_{Soll,i} \approx \frac{F_{y,i}}{c_{\alpha,i}} \quad \textbf{(6.41)}$$

$mit\, i = HL, HR$

Diese Vereinfachung erfordert keine Messwerte und kompensiert zum Teil Störeinflüsse aus der Kinematik und Elastokinematik der Radaufhängung.

Vorteile des Ansatzes

Vorteil des analytischen Ansatzes ist die Transparenz bei der Stellgrößenverteilung. Damit ist für alle Fahrsituationen eine deterministische Verteilung gesichert, die auf eine hohe Fahrsicherheit durch gleichmäßige Kraftschlussausnutzung bei einem energieeffizienten Gesamtbetrieb durch entsprechende Wahl der Randbedingungen abzielt. Ein weiterer Vorteil ist, dass ein defektes Stellglied über die Vorzeichenfaktoren direkt berücksichtigt werden kann. Ebenso lassen sich technische Beschränkungen wie z.B. Momentenbegrenzungen zum thermischen Schutz berücksichtigen. Eine Berücksichtigung eines elliptischen Reifenverhaltens anstelle des Kamm'schen Kreises ist auch über die Vorzeichenfaktoren denkbar. Damit ließe sich z.B. der Sturzeinfluss ergänzen. Mit der ermittelten Kraftschlussausnutzung der Reifen liegt eine Information über das Gefahrenpotential der aktuellen Fahrsituation vor. Derzeit dient diese Information zur Stellgrößenbegrenzung der Fahrdynamikregler. Zur Parametrierung der Stellgrößenverteilung dienen allgemein bekannte Fahrzeugparameter, was einen weiteren Vorteil darstellt.

6.3 Entwurf der lokalen Informationsverarbeitung

Auf unterster Hierarchieebene der Informationsverarbeitung erfolgt die Regelung der MFM. Diese entspricht der dezentralen, lokalen Regelung der Aktoren. Dazu zählen die Lageregelung der Lenkung und die Stromregelung der Traktionsmaschinen, sowohl zum Antreiben als auch zum generatorischen Bremsen.

6.3.1 Regelung des MFM Antrieb

Die Lokalregelung des Antriebs umfasst den Stromregler der Traktionsmaschinen. Als Regler wird ein PI-Regler verwendet, der mit dem Frequenzkennlinienverfahren anhand des identifizierten Gesamtsystems entworfen wurde. Diese ganzheitliche Betrachtung war notwendig, da im interessierenden Frequenzbereich neben dem eigentlich zu regelnden Aktor auch beträchtliche Einflüsse durch die Informationsverarbeitung und das Anti-Aliasing-Filter vorhanden sind. Das charakteristische Gesamtverhalten wird sehr prägnant in den messtechnisch ermittelten Frequenzkennlinien dargestellt, weshalb das Frequenzkennlinienverfahren zur Synthese gewählt wurde. Auch begründet die geforderte einfache Regelstruktur diese Entscheidung. Als Regler wurde ein PI-Regler gewählt, da dieser das starke Messrauschen der Regelgröße nur geringfügig auf die

Stellgröße überträgt. Weiterhin sichert er die geforderte stationäre Genauigkeit auch bei Parameterschwankungen und der Regler bietet eine hinreichende Dynamik des geregelten Systems. Als Schnittstelle zur überlagerten Fahrdynamikregelung dient das Motormoment, aus dem der Sollstrom mit der Motorkonstante bestimmt wird.

Für den generatorischen Betrieb wird die Vollbrücke als Hochsetzsteller betrieben und bei der Stromregelung wird einzig der Verstärkungsfaktor verändert, da die Dynamik des physikalischen Systems unverändert bleibt.

Aufgrund des sehr geringen Innenwiderstandes der Batterie und damit der Fähigkeit sehr hohe Ströme abzugeben und aufzunehmen, wird das Verhalten der Batterie bei der Synthese des Stromreglers nicht berücksichtigt. Lediglich eine Verifikation der Dynamik findet bei den oberen und unteren Spannungsgrenzen der Batterie statt.

Der Stromregler weist eine Bandbreite von über 2 kHz auf. Der Frequenzgang des geregelten Verhaltens ist Abschnitt *7.2.2* zu entnehmen.

Für die Regelung des Reifenumfangsschlupfs wird auf [Qua313] verwiesen. Dieser Regler wird bei Überschreitung eines kritischen Reifenschlupfs aktiv, um den Übergang in den Gleitreibungsbereich des Reifens zu verhindern. Mit den Direktantrieben des Funktionsträgers wird dieser Bereich nur bei sehr geringem Kraftschlussbeiwert erreicht. Im vorgesehenen Betriebsbereich auf Hochreibwert besteht stets ein hoher Sicherheitsabstand zum kritischen Schlupfwert.

6.3.2 Regelung des MFM Lenkung

Beim MFM Lenkung wird der Spurwinkel des Rades geregelt. Damit lassen sich präzise die Schräglaufwinkel der Reifen zum Aufbau der geforderten Reifenseitenkräfte stellen. Als Regler wird ein Zustandsregler mit PI-Aufschaltung verwendet. Die PI-Aufschaltung als strukturelle Maßnahme sichert stationäre Genauigkeit auch unter der Wirkung von Störeinflüssen. Die Reglersynthese erfolgt mittels Polvorgabe [Buc12]. Als Zustandsgrößen werden der Aktorstrom, der Lenkwinkel am Getriebeausgang und dessen Winkelgeschwindigkeit herangezogen. Weiterhin erhöht der Integrator der PI-Aufschaltung die Ordnung des Zustandsraums.

Die Schnittstelle zur überlagerten Fahrdynamikregelung ist der gewünschte Spurwinkel am Rad. Über ein Kennfeld wird daraus der entsprechende Lenkgetriebeausgangswinkel bestimmt, der die Führungsgröße der lokalen Regelung darstellt (Abbildung 5-10). Die Regelstruktur eines PI-Zustandsreglers wurde aufgrund der geringeren Komplexität gegenüber einer Kaskadenregelung und dem damit verbundenen geringeren Implementierungsaufwand gewählt.

Die Bandbreite der Lokalregelung liegt im Fahrzeugstillstand bei 4 Hz und im Fahrbetrieb bei 7 Hz (siehe Abschnitt *7.2.1*).

7 Verifikation der hierarchischen Informationsverarbeitung

Dieses Kapitel behandelt die Verifikation der hierarchischen Informationsverarbeitung. Zunächst erfolgt mittels Model-in-the-Loop die modellbasierte Absicherung der Fahrdynamikregelung auf globaler Ebene. Dazu werden kritische open-loop Fahrmanöver verwendet, um die Fahrstabilität der aktiven Fahrdynamik zu verifizieren. Sodann wird die sukzessive Inbetriebnahme in der Echtzeitumgebung aufgezeigt. Gemäß des Bottom-Up-Vorgangs erfolgt die Implementierung und Inbetriebnahme begonnen bei den Lokalreglern schrittweise bis hin zur Integration zum Gesamtsystem. Dabei wird die Dynamik der Lokalregelungen im Frequenzbereich aufgezeigt.

Abschließend erfolgt eine messtechnische Analyse der hierarchischen Regelungsstruktur im Fahrversuch.

7.1 Modellbasierte Absicherung mittels MiL und SiL

Examplarisch am MFM Lenkung erfolgt eine Verifikation als SiL. Weiterhin wird die Fahrdynamikregelung in der Simulation verifiziert.

7.1.1 Lenkung

Auf lokaler Ebene wird die Absicherung exemplarisch an dem MFM Lenkung aufgezeigt. Vor der Implementierung des Zustandsreglers auf der 32-Bit Targethardware erfolgt eine modellbasierte Absicherung mittels MiL und SiL. Abbildung 7-1 zeigt eine Gegenüberstellung der Ergebnisse aus MiL und SiL. Als Manöver wird bei Fahrzeugstillstand die Führungsgröße Spurwinkel mit einem Sprung auf einen Wert von -15° bzw. 15° angeregt. Im Übergang von MiL zu SiL wurde bei gleicher Taskzeit eine Skalierung der Signale vorgenommen, um den Rechenbedarf zu reduzieren.

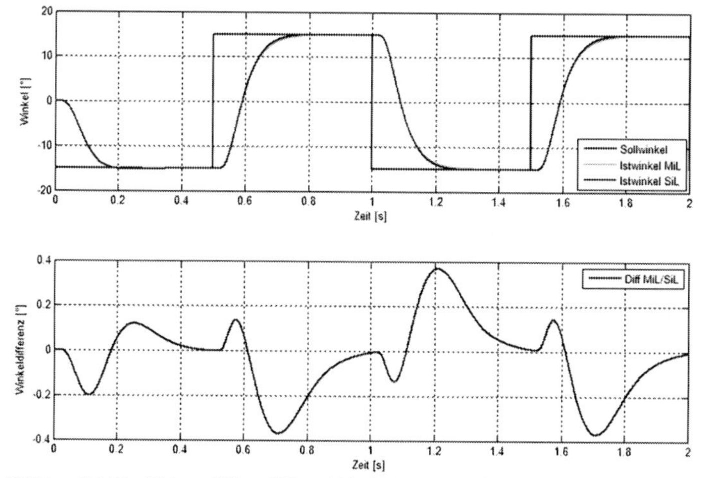

Abbildung 7-1: Vergleich von MiL und SiL am Beispiel der Lenkung [Fri13]

Nach der Skalierung von Gleitkommazahlen (Double) auf Ganzzahlen (Integer) treten die höchsten Abweichungen von fast 0,4° im Übergangsbereich auf. Es treten jedoch keine signifikanten Änderungen in der Dynamik und der stationären Genauigkeit auf.

7.1.2 Fahrdynamikregelung

Um die gewährleistete Fahrsicherheit aufzuzeigen erfolgt die Verifikation der Fahrdynamikregelung anhand für die Fahrstabilität kritischer Fahrmanöver in einer Gesamtfahrzeugsimulation. Das Gesamtfahrzeug ist abgebildet als Starrkörpermodell mit der Aufbaumasse und den vier ungefederten Radmassen, ergänzt um die Dynamik der Lenkung und des Antriebsstrangs (Kapitel 4).

Da standardisierte Fahrzeugmanöver verwendet werden, werden zur Sicherstellung der Übertragbarkeit die Simulationen an einem Fahrzeug im Maßstab 1:1 durchgeführt. Die Fahrzeugdaten entsprechen einem Mittelklassefahrzeug (Tabelle 7.1)

Tabelle 7.1: Fahrzeugdaten zur Verifikation in der Simulation [Schra10]

Parameter	Wert	Einheit
Fahrzeugmasse m_{Fzg}	1507	kg
Ungefederte Masse eines Rades m_{Rad}	40	kg
Trägheitsmoment um Längsachse Θ_{xx}	483	kgm²
Trägheitsmoment um Querachse Θ_{yy}	2394	kgm²
Trägheitsmoment um Hochachse Θ_{zz}	2586	kgm²
Radstand l	2,69	m
Abstand SP-VA l_v	1,19	m
Abstand SP-HA l_h	1,50	m
Spurweite s	1,50	m
Schwerpunkthöhe h_{SP}	0,54	m
Höhe Wankpol h_W	0,27	m
Höhe der Nickachse h_N	0,36	m
c_w-Wert	0,33	-
Stirnfläche A	2,14	m²
Rollwiderstandsbeiwert μ_0	0,015	-
Dynamischer Reifenradius r_{dyn}	0,31	m
Trägheitsmoment eines Rades Θ_{Rad}	1,7	kgm²
Federsteifigkeit vorne $c_{f,VA}$	52350	N/m
Federsteifigkeit hinten $c_{f,HA}$	48900	N/m
Dämpfungskonstante vorne d_{VA}	13080	Ns/m
Dämpfungskonstante hinten d_{HA}	11610	Ns/m

Folgende open-loop Fahrmanöver werden zur Verifikation durchgeführt:

- Lenkwinkelsprung
- Lenkwinkelsprung im Grenzbereich
- Lenkwinkelsprung bei unterschiedlichen Geschwindigkeiten
- Sinuslenken mit Verzögerung
- Sinuslenken mit Verzögerung bei μ=0,6
- Pseudo-Spurwechsel mit Haltezeit
- μ-Split-Bremsen
- Seitenwind

Zunächst wird der Lenkwinkelsprung im linearen Reifenbereich und auch im Grenzbereich der Querdynamik durchgeführt. Mit der Fahrdynamikregelung wird das Verhalten der Querdynamik unabhängig von der Fahrgeschwindigkeit, was anhand von Lenkwinkelsprüngen bei unterschiedlichen Fahrgeschwindigkeiten aufgezeigt wird.

Weiterhin wird die aktive Fahrsicherheit anhand der Manöver Sinuslenken mit Verzögerung, Pseudo-Spurwechsel mit Haltezeit und µ-Split-Bremsen verifiziert. Das Sinuslenken erfolgt mit hohem Kraftschlussbeiwert und auch mit geringem (μ=0,6). Abschließend wird auch das Störverhalten durch Anregung mit starkem Seitenwind aufgezeigt. Für die Verifikation der Gesamtregelung werden alle Manöver mit demselben Parametersatz der Fahrdynamikregelung durchgeführt.

Einen Lenkwinkelsprung im Grenzbereich des linearen Reifenverhaltens zeigt Abbildung 7-2. Im Aufbau der Querbeschleunigung sind deutliche Verbesserungen in der Dynamik zu erkennen. Die beim passiven Fahrzeug aufgrund des verzögerten Aufbaus der Seitenkraft an der Hinterachse resultierende Verzögerung im Aufbau der Querbeschleunigung wird durch ein impulsartiges Entgegenlenken an der Hinterachse eliminiert. Das aktive Übergangsverhalten gleicht dem aus der Regelung der Querbeschleunigung erwarteten PT_1-Verhalten. Im Übergangsverhalten der Gierrate sind keine Veränderungen zu erkennen. Das passive Fahrzeug wies dort bereits eine gute Dynamik ohne ausgeprägtes Überschwingen auf. Ebenso sind beim Schwimmwinkel keine Änderungen in der Dynamik und dem Endwert, außer die umgekehrte Richtung, festzustellen.

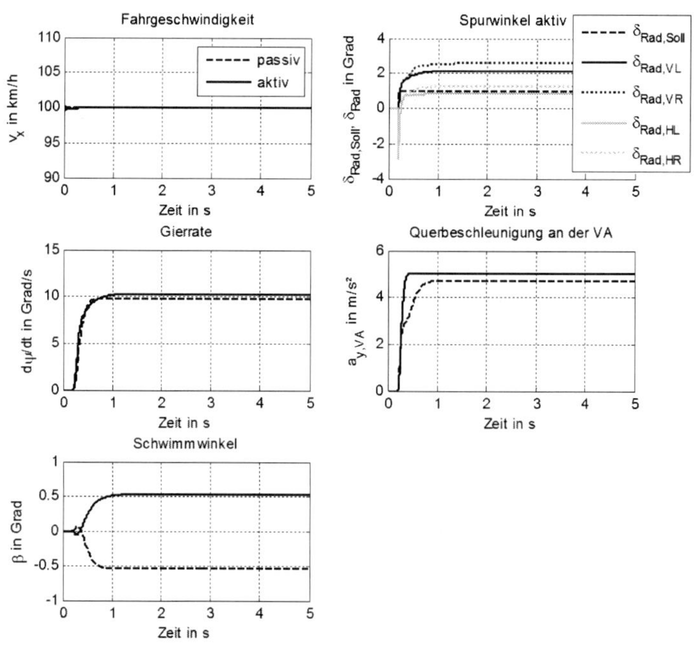

Abbildung 7-2: Lenkwinkelsprung linearer Bereich

Bei gleicher Fahrgeschwindigkeit von 100 km/h wurde auch der Grenzbereich der Querdynamik mit einem Lenkwinkelsprung untersucht (Abbildung 7-3). Das passive Fahrzeug weist kein gutes fahrstabiles Verhalten auf, da die Schwingungen in der Gierrate und im Schwimmwinkel nur sehr langsam abklingen. Das aktive Verhalten hingegen weist bei gleichen stationären Endwerten ein ähnliches Übergangsverhalten ohne die überlagerte Schwingung auf. Ursache für diese Schwingung ist das linear abgebildete Dämpfungsverhalten in der Aufbaufederung und die einfache Abbildung der Kinematik der Radaufhängung. Bei großen Wank- und Nickwinkeln durch entsprechende Beschleunigungen stößt das Modell mit der gewählten Modellierungstiefe an die Grenzen, um die Realität detailliert abzubilden. Jedoch genügt die gewählte Modellierungstiefe für grundlegende Aussagen zur Fahrstabilität.

Die realisierte Stellgrößenbegrenzung für die Fahrdynamikregelung wird bei diesem Fahrmanöver besonders sichtbar. Als einfacher Ansatz wird bei Überschreitung einer hohen Kraftschlussausnutzung an der Vorderachse die Spurwinkelvorgabe der Querbeschleunigungsregelung auf den aktuellen Wert begrenzt. Die aktuelle Kraftschlussausnutzung wird dabei der Berechnung der Stellgrößenverteilung entnommen.

Auffallend sind die hohen Spitzen in den Winkeln der Hinterräder. Die Spurwinkel stellen die Führungsgrößen für die unterlagerten Lokalregler dar, so dass aufgrund der Dynamik und Steifigkeit der Lenkung diese hohen Spitzenwerte nicht als Spurwinkel an den Rädern auftreten.

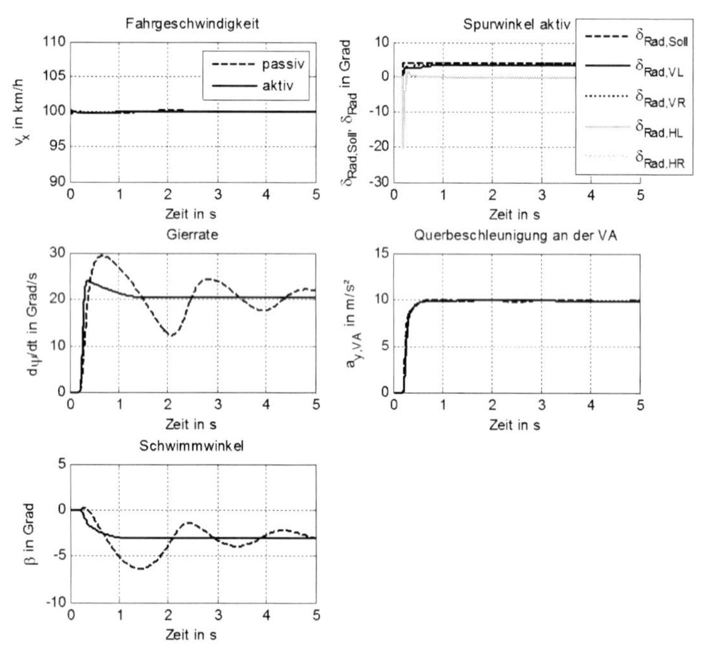

Abbildung 7-3: Lenkwinkelsprung im Grenzbereich der Querdynamik

Um den Einfluss der Fahrgeschwindigkeit auf die aktive Querdynamik aufzuzeigen wurde je ein Lenkwinkelsprung bei $v_x = 50$, 100 und 150 km/h durchgeführt (Abbildung 7-4).

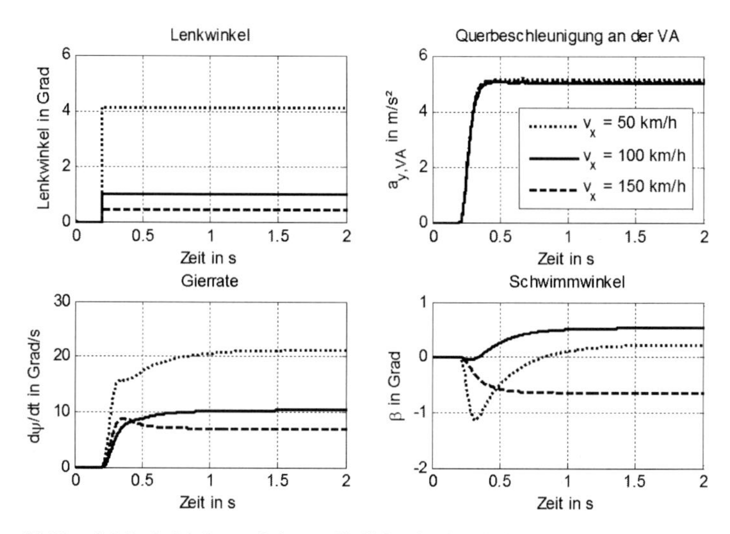

Abbildung 7-4: Lenkwinkelsprung bei unterschiedlichen Geschwindigkeiten

Die Lenkanregung wurde dabei so gewählt, dass der stationäre Endwert der Querbeschleunigung nahezu identisch ist. Sehr deutlich ist die identische Dynamik in der Querbeschleunigung zu erkennen. Damit wird das geschwindigkeitsunabhängige Verhalten der entkoppelten Querdynamikregelung bestätigt.

Zur Verifikation der aktiven Fahrsicherheit werden die instationären Fahrmanöver Sinuslenken mit Verzögerung und Pseudo-Spurwechsel mit Haltezeit durchgeführt. Beim Sinuslenken mit Verzögerung wird als Anregung eine Sinuswelle mit einer Frequenz von f = 0,7 Hz und mit einer Verzögerung von 500 ms in der zweiten Sinushalbwelle (Abbildung 7-5) verwendet. Diese bewirkt an der Vorder- und Hinterachse eine Kombination von Seitenkräften, die das Fahrzeug zum Übersteuern anregt. Dieses Fahrmanöver wird von der NHTSA zur Erprobung von ESP-Systemen angewendet, da es die beste Kombination aus Gefahrenpotential und Reproduzierbarkeit [Vie08] bietet.

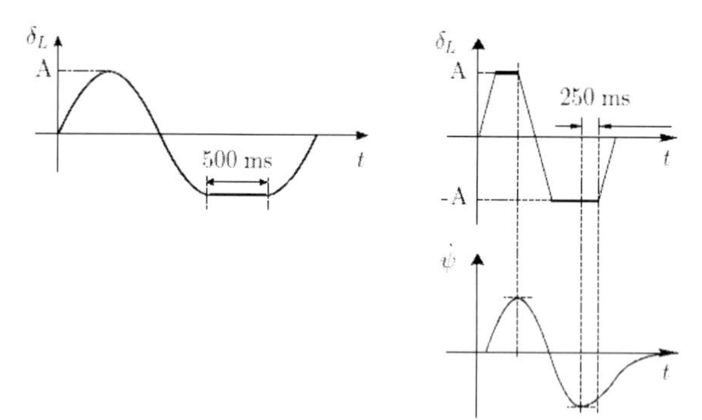

Abbildung 7-5: Anregung Sinuslenken mit Verzögerung (links) und Pseudo-Spurwechsel mit Haltezeit (rechts) [Vie08]

Das dynamische Manöver Pseudo-Spurwechsel ist vergleichbar mit dem Sinuslenken mit Verzögerung. Dabei wird der Lenkwinkel sprungartig bis zu einem Endwert aufgeprägt und sobald die Gierrate ihr Maximum erreicht hat, erfolgt ein sprungartiges Lenken in die entgegengesetzte Richtung. Dieses Manöver erzwingt Giermomentbeiträge an den Vorder- und Hinterrädern zum Übersteuern. Die Haltezeit nach dem Gegenlenken verstärkt die Wirkung.

Bei beiden Manövern rollt das Fahrzeug aus einer Anfangsgeschwindigkeit von $v_x = 80$ km/h. Die Lenkamplitude wurde für die Untersuchungen so gewählt, dass der Grenzbereich der Fahrdynamik erreicht wird.

Das Sinuslenken mit Verzögerung auf Hochreibwert ($\mu = 1{,}0$) zeigt Abbildung 7-6 und auf Niedrigreibwert ($\mu = 0{,}6$) zeigt Abbildung 7-7.

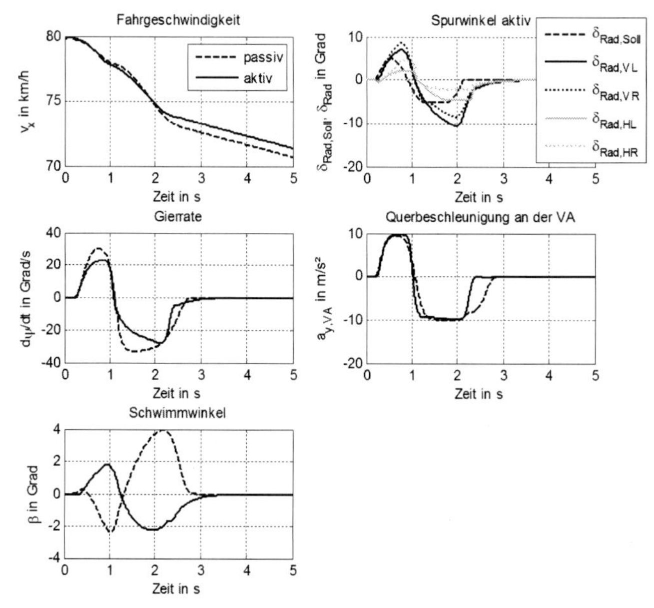

Abbildung 7-6: Sinuslenken mit Verzögerung auf Hochreibwert (μ=1,0)

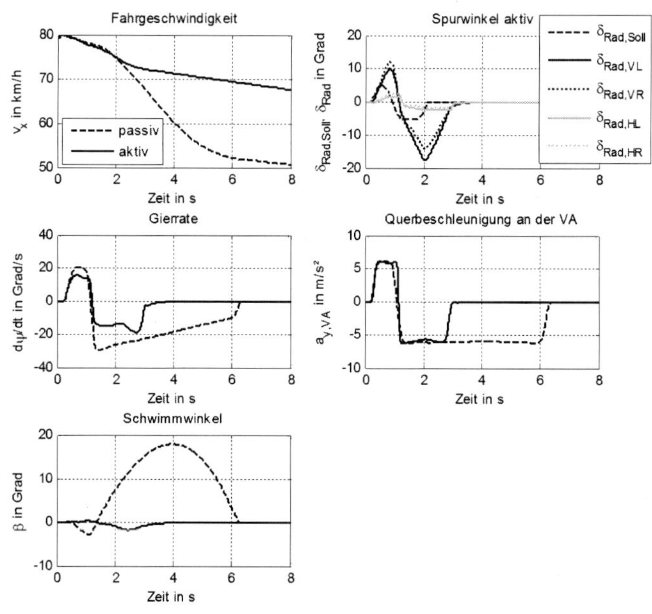

Abbildung 7-7: Sinuslenken mit Verzögerung auf Niedrigreibwert (μ=0,6)

Das Anregungssignal ist den Spurwinkeln zu entnehmen. Die Querbeschleunigung, die ein Maß für die Richtungsänderung ist, ändert sich beim aktiven Fahrzeug nahezu verzögerungsfrei zum Anregungssignal. Das passive Fahrzeug hingegen folgt am Ende der Sinusanregung nur mit deutlicher Verzögerung in der Querdynamik. Sehr deutlich ist diese Tendenz bereits frühzeitig am aufklingenden Schwimmwinkel zu erkennen. Der Aufbau des Schwimmwinkels sorgt für eine Verzögerung in der Richtungsänderung und schnell anwachsende Schwimmwinkel sind ein Anzeichen für unmittelbar drohenden Gierstabilitätsverlust [Don89]. Auffallend ist die höhere Fahrgeschwindigkeit des aktiven Fahrzeugs zum Ende des Manövers. Sie signalisiert eine geringere Reduzierung der kinetischen Energie des Fahrzeugs und indiziert einen geringeren Energiebedarf für die Längsdynamik.

Ein deutlich ausgeprägteres Verhalten ist bei diesem Manöver auf Niedrigreibwert von μ=0,6 zu erkennen. Das aktive Fahrzeug folgt der gewünschten Richtungsänderung am Ende des Manövers leicht verzögert. Das passive Fahrzeug bricht beim Wechsel zur zweiten Sinushalbwelle aus. Die Gierrate steigt dabei schlagartig an und reduziert sich nur sehr langsam. Der Schwimmwinkel erreicht ein kritisches Niveau. Stark zeitverzögert erreicht das passive Fahrzeug die Ausgangslage und bleibt somit nur schwer beherrschbar.

In Abbildung 7-8 wird der Pseudo-Spurwechsel als weiteres instationäres Fahrmanöver dargestellt. Beim Pseudo-Spurwechsel wird der Lenkwinkel mit begrenzter Steigung bis zu einem Endwert aufgeprägt. Beim Maximum der Gierrate erfolgt ein Gegenlenken ebenfalls mit begrenzter Steigung. 250 ms nach dem darauffolgenden Minimum der Gierrate wird der Lenkwinkel wieder in Ausgangsstellung gebracht. Die Verzögerung dient dem Aufrechterhalten eines stark gieranregenden Kräftepaares. Ausschlaggebend für die Intensität der Antwort ist hier die Steigungsbegrenzung in der Lenkwinkelanregung [Vie08]. Bei dem Manöver wurde diese mit dem äußerst hohen Wert von 500 °/s bei einer fiktiven Lenkübersetzung von $i_L = 20$ gewählt.

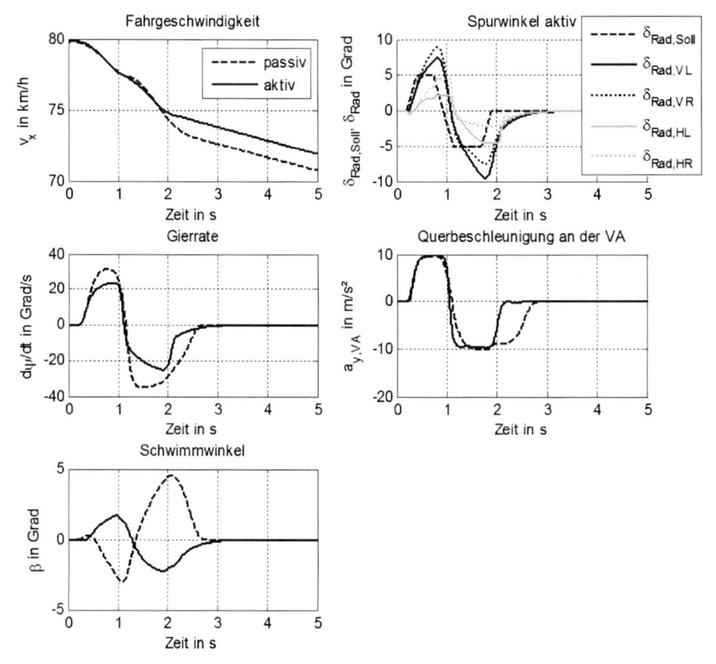

Abbildung 7-8: Pseudo-Spurwechsel mit Haltezeit

Die Amplitude der Anregung wurde wiederum so gewählt, dass das Fahrzeug im querdynamischen Grenzbereich angeregt wird. Das aktive Fahrzeug folgt der Anregung nahezu verzögerungsfrei, der Schwimmwinkel erreicht nur geringe Werte. Das passive Fahrzeug folgt am Ende der Anregung nur verzögert der Richtungsänderung. Ein deutlich ausgeprägterer Schwimmwinkel ist festzustellen. In der Fahrgeschwindigkeit fällt auch hier die höhere Endgeschwindigkeit zum Ende des Manövers bei aktiven Verhalten auf.

Beim μ-Split-Bremsen (Abbildung 7-9) erzeugen die sehr hohen Bremskräfte auf der Hochreibwertseite ein störendes Giermoment, dessen unerwünschte Gierwirkung durch die Fahrdynamikregelung für einen stabilen Geradeauslauf unterbunden werden muss. Der Zielkonflikt aus gewünschter maximaler Verzögerung bei simultanem Bedarf eines stabilisierenden Giermoments wird in diesem Manöver am deutlichsten. Mit einem Kraftschlussbeiwert von $\mu = 0{,}3$ auf der linken Fahrzeugseite und einem Kraftschlussbeiwert von $\mu = 1{,}0$ auf der rechten Fahrzeugseite verzögert das Fahrzeug aus einer Anfangsgeschwindigkeit von $v_x = 100$ km/h bis zum Stillstand. Das passive Fahrzeug dreht sich um seine Hochachse nach Einleitung des Bremsvorgangs, wohingegen das aktive Fahrzeug stabilisiert bis zum Stillstand verzögert.

In der Simulation wurde der Kraftschlussbeiwert vereinfacht an jedem Rad abgebildet, d.h. eine Änderung dieses aufgrund der Gierbewegung des Fahrzeugs wird nicht berücksichtigt. Folglich wird zwar die beginnende Destabilisierung realistisch abgebildet, der weitere Verlauf des passiven Fahrzeugs jedoch nicht. Zum Aufzeigen der Destabilisierung ist die Modellierungstiefe jedoch ausreichend. Weiterhin ist der geringe Kraftschlussbeiwert in der Simulation der Stellgrößenverteilung bekannt. Für gewöhnlich ist diese Größe im Fahrbetrieb bekannt, beispielsweise erfolgt über Beobachter eine Schätzung.

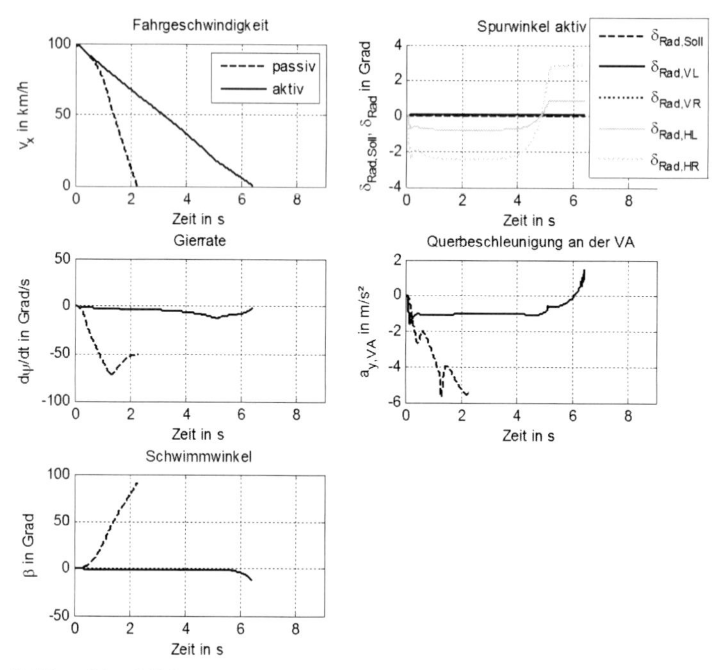

Abbildung 7-9: μ-Split Bremsen

Als weiteres Manöver zum Aufzeigen des Störverhaltens wurde eine starke Seitenwindanregung mit einer Windgeschwindigkeit von $v_{Wind} = 80$ km/h untersucht (Abbildung 7-10). Mit einer Fahrgeschwindigkeit von $v_x = 100$ km/h wird zum Zeitpunkt 1 s die Seitenwindanregung als Sprung aufgeschaltet. An der Gierrate und Querbeschleunigung ist sehr deutlich das Ausregeln der Störung zu erkennen. Das Störverhalten kann anhand der Trajektorie bewertet werden. 4 s nach Beginn des Wirkens des Seitenwinds hat das aktive Fahrzeug einen Querversatz von 0,1 m, das passive Fahrzeug 1,75 m. Damit hätte das passive Fahrzeug ohne Eingreifen des Fahrers die Fahrspur verlassen.

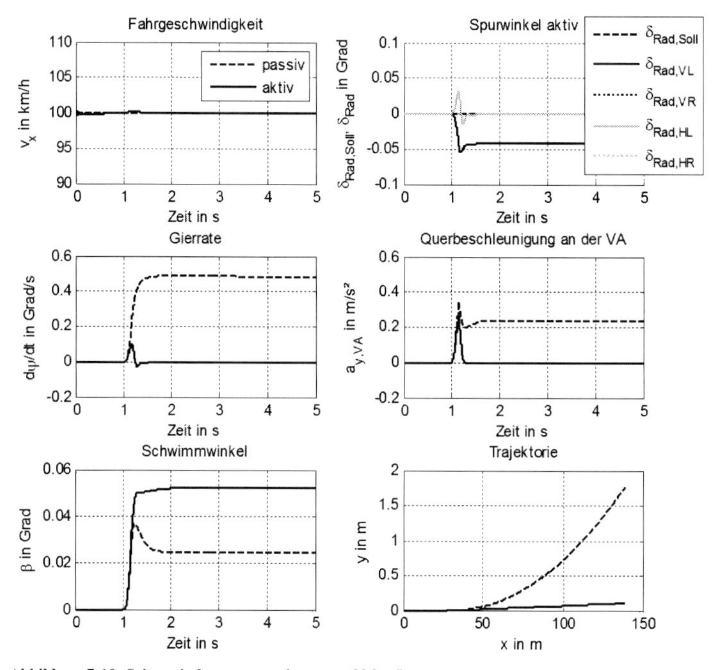

Abbildung 7-10: Seitenwindanregung mit v_{Wind} = 80 km/h

Eine Untersuchung des Eigenlenkverhaltens erfolgt mit einer stationären Kreisfahrt bei einer Fahrgeschwindigkeit von v_x = 100 km/h (Abbildung 7-11). Im Vergleich zum neutralen Eigenlenkverhalten, das durch die Gerade charakterisiert wird, zeigt das passive Fahrzeug ein untersteuerndes Verhalten und das aktive Fahrzeug weist das gewünschte neutrale Fahrverhalten auf. Dieses ist stark ausgeprägt und ändert sich unstetig im Grenzbereich in Untersteuern. Eine Verbesserung des Übergangs kann durch Anpassung der Regelung erzielt werden. Die Veränderung des passiven, untersteuernden Fahrverhaltens hin zum aktiven, neutralen Fahrverhalten zeigt einen geringeren Lenkwinkelbedarf, der bei einer konventionellen Lenkung mit mechanischer Verbindung zwischen Lenkrad und Rädern eine Verbesserung des Lenkkomforts bewirkt.

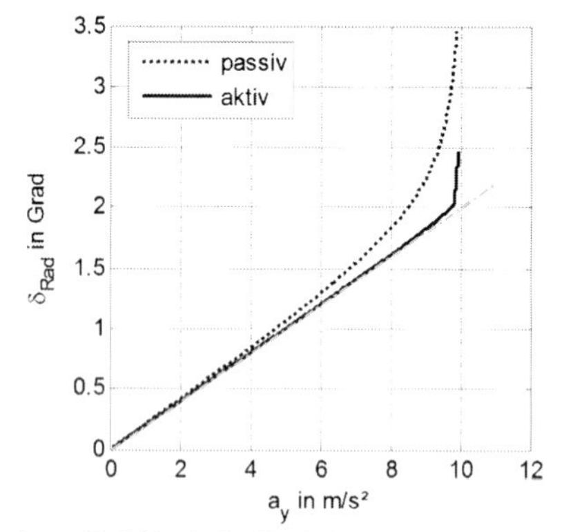

Abbildung 7-11: Stationäre Kreisfahrt in der Simulation

7.2 Messtechnische Analyse in der Echtzeitumgebung

Nachfolgend wird die Dynamik der MFM Lenkung und MFM Antrieb aufgezeigt. Weiterhin erfolgt eine messtechnische Analyse im Fahrversuch.

7.2.1 Lenkung

Nach der modellbasierten Absicherung mittels MiL und SiL erfolgt die sukzessive Inbetriebnahme in der Echtzeitumgebung. Dabei werden schrittweise die Regelungen entsprechend der hierarchischen Strukturierung implementiert und optimiert bis das gewünschte kontrollierte Verhalten des Gesamtsystems sichergestellt ist. Dieses systematische Vorgehen trägt zu einem effizienten Entwurf bei.

Zur Erfüllung der gewünschten Dynamik des Gesamtsystems muss die Dynamik der Aktorik eine entsprechende Bandbreite aufweisen. Abbildung 7-12 zeigt die Dynamik des MFM Lenkung mit seiner Lokalregelung bei Fahrzeugstillstand auf. Die Messung erfolgte am Gesamtfahrzeug auf einer Straße mit Hochreibwert. Das System weist eine Bandbreite von etwa 4 Hz auf. Aufgrund des wirkenden Bohrmoments bei Fahrzeugstillstand entspricht dieser Betriebsfall der höchsten Belastung der Lenkung, was zur geringsten Dynamik führt.

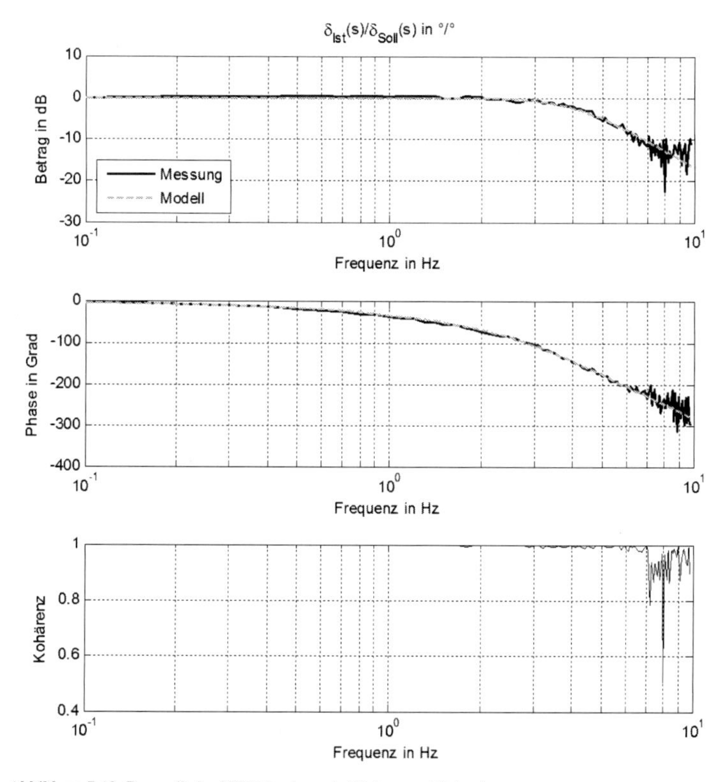

Abbildung 7-12: Dynamik des MFM Lenkung bei Fahrzeugstillstand

Für die Fahrdynamikregelung ist die Dynamik im Fahrbetrieb zu betrachten (Abbildung 7-13). Mit den geringeren Widerständen aus dem Reifen-Fahrbahn-Kontakt stellt sich dann eine Bandbreite von etwa 7 Hz ein. Diese Dynamik ist zur Erfüllung der aktiven Fahrdynamik hinreichend. Beide Frequenzgänge zeigen auch die gute Übereinstimmung zwischen Messung und Modell auf. Dies bestätigt die hinreichende Modellierungstiefe und das durchgängige, modellbasierte Vorgehen.

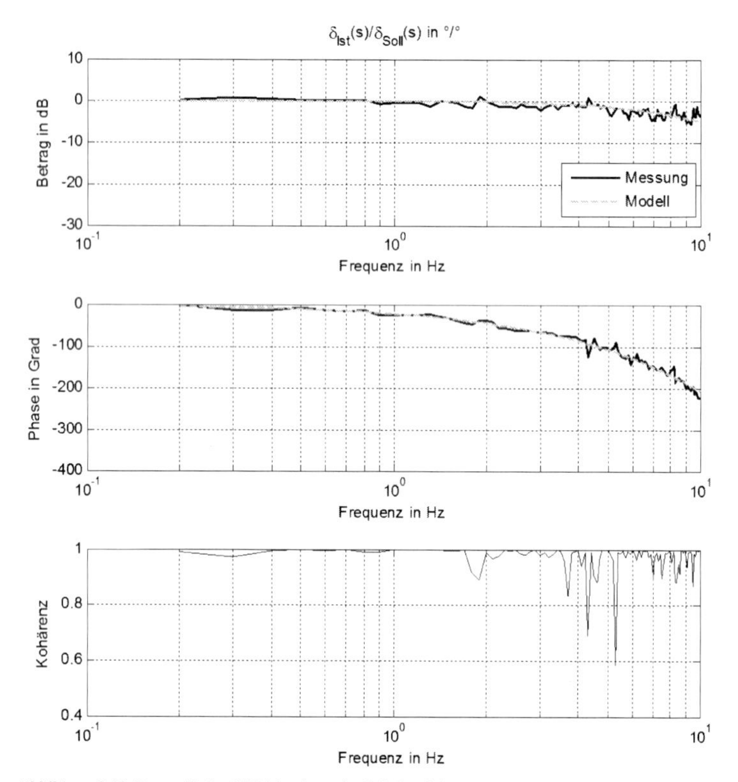

Abbildung 7-13: Dynamik des MFM Lenkung im Fahrbetrieb

7.2.2 Antrieb

Die Dynamik des MFM Antrieb zeigt der Frequenzgang des geregelten Motorstroms in Abbildung 7-14 auf. Diese Messung erfolgte auf dem hochflexiblen HiL-Antriebsstrangprüfstand [Qua213], welcher insbesondere zur Funktionsabsicherung von kritischen Fahrmanövern in der Längsdynamik unter Berücksichtigung des gesamten Energieflusses vom Akku bis hin zum Reifen-Fahrbahn-Kontakt dient. Die Systemdynamik weist eine Bandbreite von etwa 2 kHz auf und verbessert damit den Schlupfaufbau gegenüber Antriebssträngen von konventionellen Fahrzeugen. Auch hier fällt die sehr gute Übereinstimmung von Messung und Modell im gesamten Frequenzbereich auf, wobei die Kohärenz ab 2 kHz drastisch abnimmt.

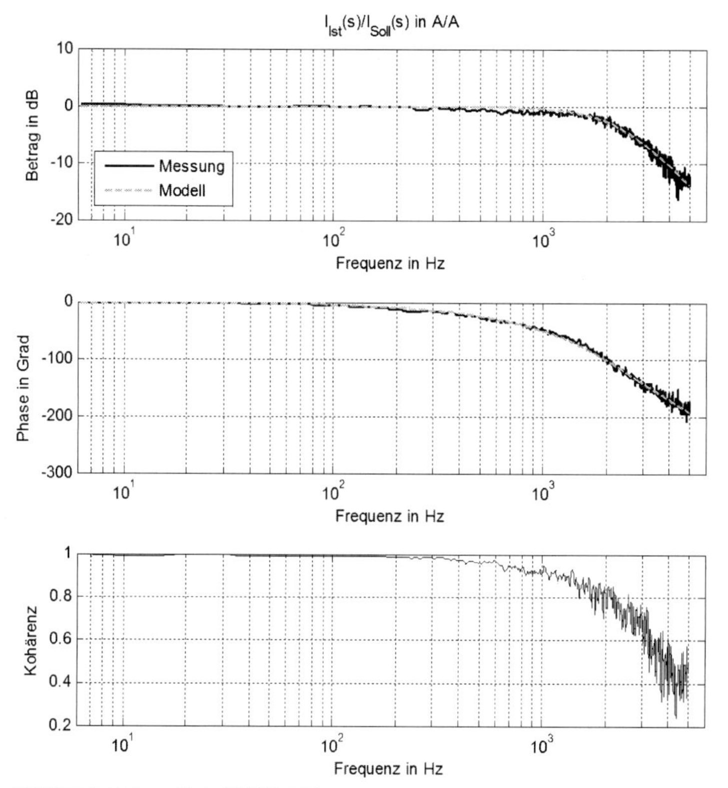

Abbildung 7-14: Dynamik des MFM Antrieb

Weiterhin wird die Rekuperationsmöglichkeit des Antriebsstrangs anhand einer gleichmäßigen Verzögerung in Abbildung 7-15 aufgezeigt. Diese Messung entstand am HiL-Antriebsstrangprüfstand, der die Massenträgheit des Fahrzeugs real abbildet. Dabei wurde zunächst das Fahrzeug auf Maximalgeschwindigkeit beschleunigt, was an dem PWM lowside Signal von 1 in den ersten Sekunden zu sehen ist. Der lowside MOSFET ist dann leitend. Sodann erfolgt eine gleichmäßige Verzögerung mit einer Energierückgewinnung. Dabei sperrt der highside MOSFET und mittels des lowside MOSFETs wird der Strom im generatorischen Betrieb geregelt. Der Motor- und Batteriestrom zeigen das rekuperierende Verhalten auf. Bei einer Drehzahl von unter 200 1/min reicht die Gegeninduktion des Motors nicht mehr aus, um mit dem gewünschten Strom den generatorischen Betrieb aufrecht zu erhalten und das Fahrzeug rollt aus bzw. es bedarf einer Maßnahme zur weiteren Verzögerung. Bei diesem Verzögerungsvorgang wurden die Fahrwiderstände nicht mitsimuliert.

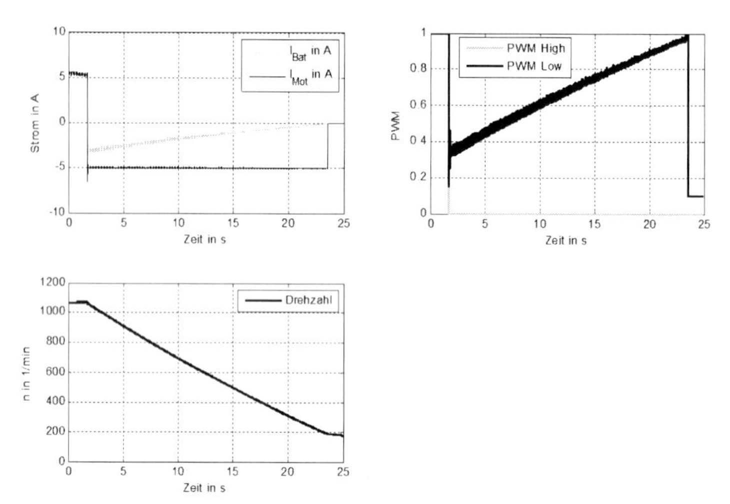

Abbildung 7-15: Rekuperation am HiL-Antriebsprüfstand

7.2.3 Messtechnische Analyse der Fahrdynamikregelung im Fahrversuch

Eine Verifikation der Fahrdynamikregelung erfolgt in der Echtzeitumgebung mit dem Funktionsprototypen. Dabei werden die open-loop Fahrmanöver Lenkwinkelsprung und stationäre Kreisfahrt durchgeführt. Abbildung 7-16 zeigt eine Gegenüberstellung von aktivem und passivem Fahrverhalten bei einem Lenkwinkelsprung auf. Beim passiven Fahrzeug ist sehr deutlich das hohe Überschwingen direkt nach dem Einlenken zu erkennen, welches aus Anteilen der Gierbeschleunigung resultiert, die der an der Vorderachse angebrachte Beschleunigungssensor mit erfährt. Hingegen weist das Fahrzeug mit aktiver Fahrdynamik das gewünschte PT_1-Verhalten in der Querbeschleunigung auf, bei gleicher Dynamik in der Querbeschleunigung und Gierrate. Mit der eliminierten signifikanten Spitze in der Querbeschleunigung wird der Fahrkomfort wesentlich verbessert.

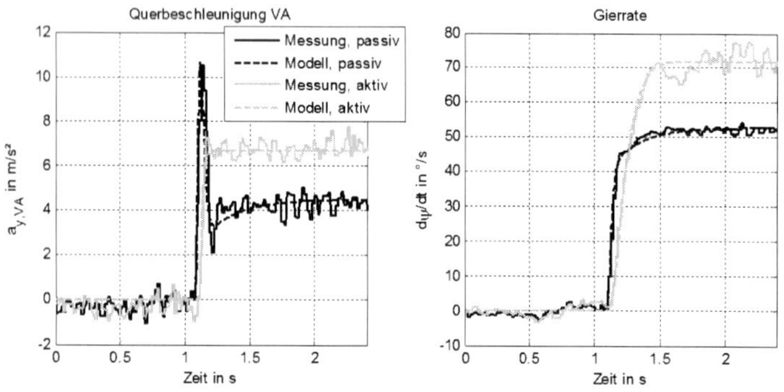

Abbildung 7-16: Fahrversuch: Lenkwinkelsprung

Zur Verifikation der Beherrschbarkeit im Grenzbereich wird das Eigenlenkverhalten mit einer stationären Kreisfahrt ermittelt. Verbesserungen ergeben sich hier durch eine Erweiterung des linearen Bereichs und eine Änderung hin zum neutralen Fahrverhalten nahezu bis in den Grenzbereich. Im Grenzbereich bleibt das erwünschte untersteuernde Fahrverhalten erhalten, womit das Fahrzeug leicht beherrschbar bleibt. Auch die maximale Querbeschleunigung ändert sich nicht durch die Fahrdynamikregelung.

Das passive Fahrzeug weist einen linearen Bereich bis zu einer Querbeschleunigung von 5 m/s² auf. Über den gesamten Bereich weist es ein untersteuerndes Eigenlenkverhalten auf.

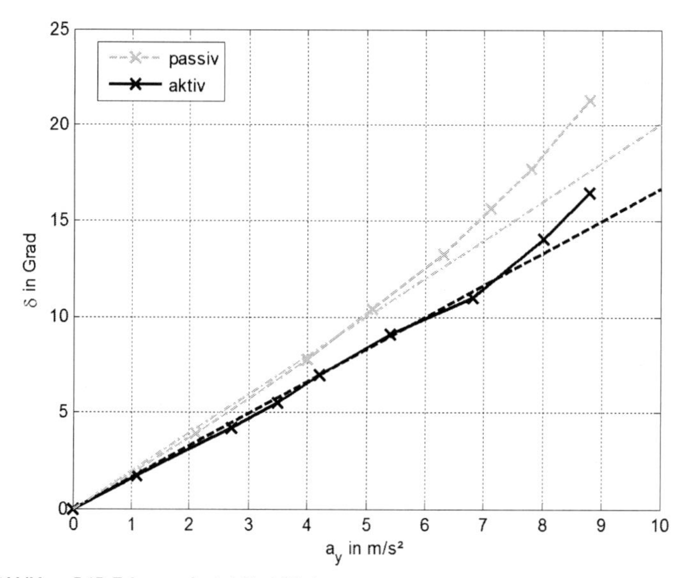

Abbildung 7-17: Fahrversuch: stat. Kreisfahrt

8 Zusammenfassung und Ausblick

In der vorliegenden Arbeit wurde die Gesamtentwicklung des Forschungs-elektrofahrzeugs M-Mobile dargestellt. Dabei wurde der mechatronische Entwurfsprozess von der Konzeption bis hin zur prototypischen Umsetzung eines Funktionsträgers durchgängig angewandt. Ein besonderer Fokus lag auf der mechatronischen Komposition, bei der in einem iterativen Prozess bestehend aus Modellbildung, Analyse und Synthese die Teilmodule sukzessiv zum Gesamtsystem integriert wurden. Mit dieser Vorgehensweise ist eine integrierte Fahrdynamikregelung mit einer analytischen Stellgrößenverteilung entstanden, die in Verbindung mit der konzipierten energieeffizienten Fahrzeugkonfiguration einen sicheren, komfortablen und energieeffizienten Fahrbetrieb ermöglicht.

Unter Anwendung einer mechatronischen Entwurfsmethodik wurde zunächst das Gesamtsystem M-Mobile konzipiert. Hierzu wurden mit einer ganzheitlichen Betrachtung aktive Fahrwerksysteme und Antriebstrangtopologien in der Elektromobilität hinsichtlich ihrer querdynamischen Wirkung, ihrer fahrdynamischen Wechselwirkungen und ihres Energiebedarfs bzw. der Wirkungsgradverluste analysiert und aus den Ergebnissen wurde eine Fahrzeugkonfiguration für einen energieeffizienten Gesamtbetrieb eines batterieelektrischen Fahrzeugs konzipiert. Anlehnend an die gestellten Anforderungen an das batterieelektrische Fahrzeug sieht das Konzept vier mechatronische Einzelradmodule zur aktiven Beeinflussung aller sechs Freiheitsgrade des Fahrzeugaufbaus vor.

Das Gesamtfahrzeug M-Mobile stellt ein mechatronisches System dar, dessen Teilsysteme, bestehend aus Komponenten unterschiedlicher Domänen und verschiedener Fachdisziplinen, durch ein integrales Zusammenwirken die geforderten Ziele erfüllen und die potentiellen Synergien ausschöpfen sollen. Zur Bewältigung der Systemkomplexität wurde für den Entwurf eine hierarchische Strukturierung vorgenommen. Mit einer ganzheitlichen und systematischen Betrachtung wurde in einem Top-down-Verfahren das Gesamtsystem in die hierarchisch angeordneten mechatronischen Strukturebenen MFM/ MFG/ AMS/ VMS gegliedert. Diese Strukturierung und damit einhergehend eine geeignete Spezifikation der Schnittstellen unterstützten wesentlich in der folgenden Modellbildung, Analyse und Synthese der hierarchischen Informationsverarbeitung.

Basis der mechatronischen Entwurfsmethodik ist eine ganzheitliche und modellbasierte Vorgehensweise von Beginn an. Hierzu wurden die notwendigen Modelle vom einfachen, linearen Einspurmodell zur Synthese bis hin zum nichtlinearen MKS-Modell des Gesamtfahrzeugs zur Verifikation der Fahrdynamikregelung hergeleitet. Das MKS-Modell wurde in einem Bottom-up-Verfahren hergeleitet und beinhaltet auch die Dynamik der Aktorik, Sensorik und Informationsverarbeitung. Es bildet das kinematische, statische und dynamische Systemverhalten des Gesamtfahrzeugs ab.

Im Rahmen der Arbeit wurde ein Funktionsträger als Gesamtfahrzeug des M-Mobiles im Maßstab 1:3 konzipiert und realisiert. Mittels leistungsstarker RCP-Hardware diente dieses prototypische Fahrzeug zur experimentellen Parameteridentifikation der physikalischen Ersatzmodelle und zur Verifikation der hierarchischen Regelsysteme unter realen Bedingungen. Die Identifikation verlief dabei sukzessiv. Zunächst erfolgte eine Identifikation der Aktorik mit ihrer Sensorik und Identifikationsverarbeitung und sodann die Identifikation des mechanischen Systems. Die identifizierten Streckenmodelle stellten eine sehr gute Basis für die modellbasierte Reglersynthese dar.

Einen Schwerpunkt der Arbeit stellt der modellbasierte Entwurf der Informationsverarbeitung dar. Aus der Modularisierung und Strukturierung des Gesamtsystems wurde eine hierarchische Struktur der Informationsverarbeitung abgeleitet. Die Regelungsaufgabe wurde in eine zentral, globale Fahrdynamikregelung und dezentrale, lokale Regelungen der Lenk- und Antriebsmodule aufgeteilt und die modellbasierte Reglersynthese erfolgte für jede Strukturebene. Schwerpunkt des Reglerentwurfs war die übergeordnete Fahrdynamikregelung, dessen Kern eine analytische Stellgrößenverteilung ist. Diese zielt auf eine gleichmäßige Kraftschlussausnutzung aller Reifen ab, wobei die Randbedingungen für das überaktuierte System hinsichtlich eines energieeffizienten Gesamtbetriebs gewählt wurden. Neben hoher Effizienz wird auf diese Weise ein sicherer Fahrbetrieb gewährleistet. Die Randbedingungen hinsichtlich Effizienz wurden aus einer Analyse und Bewertung der Funktion und Effizienz fahrdynamischer Systeme abgeleitet. Gegenüber Ansätzen mit einer Mehrzieloptimierung weist dieser analytische Ansatz eine Transparenz der Stelleingriffe auf und erfordert einen geringen Rechenbedarf. Durch geringe Modifikationen lässt sich die Stellgrößenverteilung auf weniger aktuierte Fahrzeugkonfigurationen übertragen und ebenso lässt sich ein Ausfall von Aktorik im Fehlerfall bzw. eine Beschränkung dieser berücksichtigen. Weiterhin lässt die gleichmäßige Verteilung der Stellgrößen keine Einbußen im Fahrkomfort erwarten. Ebenso werden im Antriebsstrang keine signifikanten Wirkungsgradeinbußen wegen der gleichmäßigen Leistungsverteilung und auch ein geringes Potential für Funktionseinschränkungen aufgrund der gleichmäßig verteilten thermischen Belastung erwartet. Auf diese Weise wurde für den Fahrbetrieb eines Fahrzeugs ein Kompromiss aus Energieeffizienz, Fahrsicherheit und Fahrkomfort erzielt, der stets auf Energieeffizienz abzielt, jedoch die Fahrsicherheit nicht gefährdet und auch nicht den Fahrkomfort einschränkt.

Abschließend erfolgte eine Verifikation der hierarchischen Informationsverarbeitung. Mit einer Gesamtfahrzeugsimulation wurde die Überlegenheit der Fahrdynamikregelung gegenüber einem ungeregelten Fahrzeug mit fahrdynamisch kritischen Fahrmanövern aufgezeigt. Ebenso wurden mit dem realisierten Prototypenfahrzeug unter realen Bedingungen ein höherer Fahrkomfort und ein verbessertes Eigenlenkverhalten erzielt.

Auf denkbare Weiterentwicklungen der Arbeit wird abschließend ein kurzer Ausblick gegeben. Im ersten Schritt kann der Ansatz um eine wirkungsgradoptimale Beschleunigung bzw. Rekuperation, die beispielsweise auf Kennfeldern des längsdynamischen Gesamtwirkungsgrads basiert, erweitert werden. In einem weiteren Schritt kann mittels des Fahrzeugs übergeordneten Informationen und der Kenntnis des längsdynamischen Gesamtwirkungsgrades eine energieoptimale globale Routenplanung bestimmt werden. Hierzu sind Daten der umgebenden Verkehrsteilnehmer notwendig, die mittels Car-to-X ermittelt werden können, und Kartendaten mit einer präzisen Kenntnis der Verkehrslage, die beispielsweise aus Schwarmdaten durch die Internetanbindung von Smartphones online ermittelt wird.

9 Anhang

9.1 Herleitung der Querdynamikregelung

Nachfolgend wird die Querdynamikregelung, die auf dem linearen Einspurmodell (ESM) nach [Rie40] basiert, hergeleitet. Beim ESM werden die Vorder- und Hinterräder zu einer Spur in Fahrzeugmitte zusammengefasst (Abbildung 9-1) und das Fahrzeug bewegt sich als massebehafteter Körper mit konstanter Fahrgeschwindigkeit auf der Fahrbahnoberfläche. Unter der Wirkung von Reifenseitenkräften der Vorder- und Hinterräder beschreibt das ESM das lineare Verhalten der Querdynamik des Fahrzeugs, das bis zu einer Querbeschleunigung von etwa 4 m/s² gilt. Bei höheren Querbeschleunigungen kommen Einflüsse aus der Elastokinematik der Radaufhängung und dem degressiven Radlasteinfluss auf die Reifenseitenkräfte hinzu, die diese begrenzen. Diese Einflüsse sind im ESM nicht abgebildet.

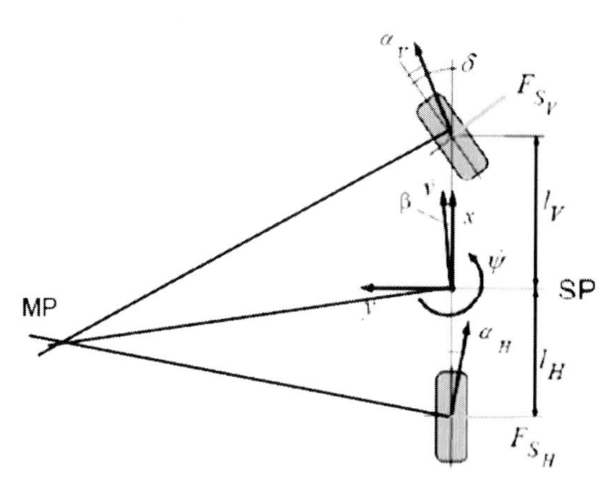

Abbildung 9-1:Kinematik zum linearen Einspurmodell [Liu08]

Das ESM, erweitert um ein rechtsdrehend positives Giermoment M_z, lautet:

$$\begin{bmatrix} \beta \\ \dot{\psi} \end{bmatrix}^{\bullet} = \begin{bmatrix} a_{11} & a_{12} \\ a_{21} & a_{22} \end{bmatrix} \cdot \begin{bmatrix} \beta \\ \dot{\psi} \end{bmatrix} + \begin{bmatrix} b_{11} & b_{12} & 0 \\ b_{21} & b_{22} & b_{23} \end{bmatrix} \cdot \begin{bmatrix} \delta_v \\ \delta_h \\ M_Z \end{bmatrix}$$

$$[a_v] = [c_1 \quad c_2] \cdot \begin{bmatrix} \beta \\ \dot{\psi} \end{bmatrix} + [d_1 \quad d_2 \quad d_3] \cdot \begin{bmatrix} \delta_v \\ \delta_h \\ M_Z \end{bmatrix} \qquad \textbf{(9.1), (9.2)}$$

$$a_{11} = -\left(\frac{c_{sv} + c_{sh}}{m \cdot v} \right) \qquad a_{12} = \frac{l_h \cdot c_{sh} - l_v \cdot c_{sv}}{m \cdot v^2} - 1$$

$$a_{21} = \frac{l_h \cdot c_{sh} - l_v \cdot c_{sv}}{J_Z} \qquad a_{22} = -\frac{l_v^{\,2} \cdot c_{sv} + l_h^{\,2} \cdot c_{sh}}{J_Z \cdot v}$$

$$b_{11} = \frac{c_{sv}}{m \cdot v} \qquad b_{12} = \frac{c_{sh}}{m \cdot v} \qquad b_{21} = \frac{l_v \cdot c_{sv}}{J_Z} \qquad b_{22} = -\frac{l_h \cdot c_{sh}}{J_Z} \qquad b_{23} = -\frac{1}{J_Z}$$

$$c_1 = v \cdot a_{11} + l_v \cdot a_{21} \qquad c_2 = v \cdot (a_{12} + 1) + l_v \cdot a_{22}$$

$$d_1 = v \cdot b_{11} + l_v \cdot b_{21} \qquad d_2 = v \cdot b_{12} + l_v \cdot b_{22} \qquad d_3 = l_v \cdot b_{23}$$

Wobei a_v die Querbeschleunigung an der Vorderachse ist. Mit einer neuen Basis des Zustandsraums gelingt mit dieser Messposition die triangularisierende Entkopplung. Weiterhin sind hierzu folgende zwei Annahmen notwendig [Ack93]:

1. Die Massenverteilung erfolgt auf Vorder- und Hinterachse gemäß der Schwerpunktdefinition:

   $$m_v \cdot l_v = m_h \cdot l_h \tag{9.3}$$

   Daraus folgt für das Trägheitsmoment um die Hochachse:

   $$J_z = m_v \cdot l_v^2 + m_h \cdot l_h^2 = m \cdot l_v \cdot l_h \tag{9.4}$$

2. Der Lenkaktuator der Vorderachse wird als integrierendes Stellglied angenommen (ungeregeltes Stellglied):

   $$\dot{\delta}_v = e_v \tag{9.5}$$

Damit entsteht folgender Zustandsraum:

$$\begin{bmatrix} \beta \\ \dot{\psi} \\ \delta_v \end{bmatrix}^{\bullet} = \begin{bmatrix} a_{11} & a_{12} & b_{11} \\ a_{21} & a_{22} & b_{21} \\ 0 & 0 & 0 \end{bmatrix} \cdot \begin{bmatrix} \beta \\ \dot{\psi} \\ \delta_v \end{bmatrix} + \begin{bmatrix} 0 & b_{12} & 0 \\ 0 & b_{22} & b_{23} \\ 1 & 0 & 0 \end{bmatrix} \cdot \begin{bmatrix} e_v \\ \delta_h \\ M_z \end{bmatrix}$$

$$[a_v] = [c_1 \quad c_2 \quad d_1] \cdot \begin{bmatrix} \beta \\ \dot{\psi} \\ \delta_v \end{bmatrix} + [d_3] \cdot [M_Z] \tag{9.6}$$

Durch Ähnlichkeitstransformation wird eine neue Basis des Zustandsraums gewählt. Durch Rückführung von Zustandsgrößen wird die Quer- von der Gierbewegung entkoppelt. Die Basis des neuen Zustandsraums lautet:

$$\begin{bmatrix} a_v \\ \dot{\psi} \\ \delta_v \end{bmatrix} = \underline{\underline{T}} \cdot \begin{bmatrix} \beta \\ \dot{\psi} \\ \delta_v \end{bmatrix} \tag{9.7}$$

Mit der Transformationsmatrix:

$$\underline{\underline{T}} = \begin{bmatrix} c_1 & c_2 & d_1 \\ 0 & 1 & 0 \\ 0 & 0 & 1 \end{bmatrix} \tag{9.8}$$

Lautet die transformierte Systemmatrix A:

$$\underline{\underline{A_{transf}}} = \underline{\underline{T}} \cdot \underline{\underline{A}} \cdot \underline{\underline{T}}^{-1} = \begin{bmatrix} d_{11} & d_1 & 0 \\ d_{21} & d_{22} & d_{23} \\ 0 & 0 & 0 \end{bmatrix} \tag{9.9}$$

$$d_{11} = -\frac{l \cdot c_{sv}}{m \cdot v \cdot l_h} \qquad d_1 = \frac{l \cdot c_{sv}}{m \cdot l_h}$$

$$d_{21} = \frac{(l_v \cdot c_{sv} - l_h \cdot c_{sh})}{l_v \cdot c_{sv} \cdot l} \qquad d_{22} = -\frac{l \cdot c_{sh}}{m \cdot v \cdot l_v} \qquad d_{23} = \frac{c_{sh}}{m \cdot l_v}$$

Die transformierte Eingangsmatrix B und Ausgangsmatrix C lauten:

$$\underline{\underline{B_{transf}}} = \underline{\underline{T}} \cdot \underline{\underline{B}} = \begin{bmatrix} d_1 & 0 & \frac{d_1}{m \cdot v \cdot l_h} \\ 0 & b_{22} & b_{23} \\ 1 & 0 & 0 \end{bmatrix} \qquad \underline{\underline{C_{transf}}} = \underline{\underline{C}} \cdot \underline{\underline{T}}^{-1} = \begin{bmatrix} 1 & 0 & 0 \\ 0 & 1 & 0 \\ 0 & 0 & 1 \end{bmatrix} \tag{9.10), (9.11}$$

Der Durchgriff von M_z auf a_v bleibt erhalten:

$$\underline{\underline{D_{transf}}} = \underline{\underline{D}} = \begin{bmatrix} 0 & 0 & d_3 \\ 0 & 0 & 0 \\ 0 & 0 & 0 \end{bmatrix} \tag{9.12}$$

$$d_3 = -\frac{1}{m \cdot l_h}$$

Damit lautet der transformierte Zustandsraum:

$$\begin{bmatrix} a_v \\ \dot{\psi} \\ \delta_v \end{bmatrix}^{\bullet} = \begin{bmatrix} d_{11} & d_1 & 0 \\ d_{21} & d_{22} & d_{23} \\ 0 & 0 & 0 \end{bmatrix} \cdot \begin{bmatrix} a_v \\ \dot{\psi} \\ \delta_v \end{bmatrix} + \begin{bmatrix} d_1 & 0 & \frac{d_1}{m \cdot v \cdot l_h} \\ 0 & b_{22} & b_{23} \\ 1 & 0 & 0 \end{bmatrix} \cdot \begin{bmatrix} e_v \\ \delta_h \\ M_z \end{bmatrix}$$

$$\begin{bmatrix} a_v \\ \dot{\psi} \\ \delta_v \end{bmatrix} = \begin{bmatrix} 1 & 0 & 0 \\ 0 & 1 & 0 \\ 0 & 0 & 1 \end{bmatrix} \cdot \begin{bmatrix} a_v \\ \dot{\psi} \\ \delta_v \end{bmatrix} + \begin{bmatrix} 0 & 0 & d_3 \\ 0 & 0 & 0 \\ 0 & 0 & 0 \end{bmatrix} \cdot \begin{bmatrix} e_v \\ \delta_h \\ M_z \end{bmatrix} \tag{9.13), (9.14}$$

Wird die Gierrate gemäß folgender Gleichung auf den Eingang e_v geschaltet, verändert sich der Zustandsraum gemäß den Gleichungen (9.16, 9.17).

$$e_v = -\dot{\psi} + u_v \tag{9.15}$$

$$\begin{bmatrix} a_v \\ \dot{\psi} \\ \delta_v \end{bmatrix}^{\bullet} = \begin{bmatrix} d_{11} & 0 & 0 \\ d_{21} & d_{22} & d_{23} \\ 0 & -1 & 0 \end{bmatrix} \cdot \begin{bmatrix} a_v \\ \dot{\psi} \\ \delta_v \end{bmatrix} + \begin{bmatrix} d_1 & 0 & \dfrac{d_1}{m \cdot v \cdot l_h} \\ 0 & b_{22} & b_{23} \\ 1 & 0 & 0 \end{bmatrix} \cdot \begin{bmatrix} u_v \\ \delta_h \\ M_z \end{bmatrix}$$

$$\begin{bmatrix} a_v \\ \dot{\psi} \\ \delta_v \end{bmatrix} = \begin{bmatrix} 1 & 0 & 0 \\ 0 & 1 & 0 \\ 0 & 0 & 1 \end{bmatrix} \cdot \begin{bmatrix} a_v \\ \dot{\psi} \\ \delta_v \end{bmatrix} + \begin{bmatrix} 0 & 0 & d_3 \\ 0 & 0 & 0 \\ 0 & 0 & 0 \end{bmatrix} \cdot \begin{bmatrix} u_v \\ \delta_h \\ M_z \end{bmatrix}$$

(9.16), (9.17)

Die Eingriffe sehen im Blockschaltbild wie folgt aus.

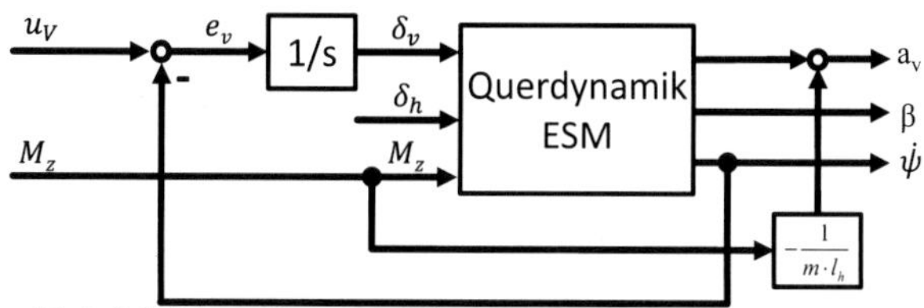

Abbildung 9-2: Aufschalten von Gierrate und M_z

Für eine Entkopplung von a_v und $\dot{\psi}$ stört der Einfluss von M_z auf a_v in der Eingangsmatrix. Dieser Einfluss kompensiert sich jedoch mit dem Durchgriff von M_z auf a_v stationär. Eine vollständige Kompensation kann durch ein ideales PD-Glied erfolgen. Diese Maßnahme ist im Blockschaltbild auf der folgenden Abbildung dargestellt.

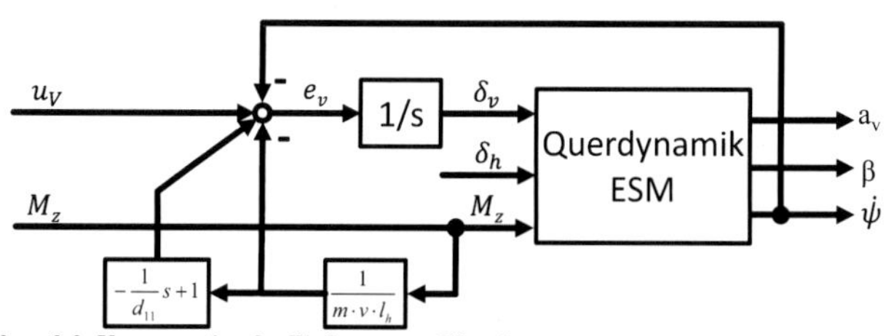

Abbildung 9-3: Kompensation des Einflusses von M_z auf a_v

Im Blockschaltbild wird deutlich, dass sich die Maßnahmen mit M_z auf e_v aufzuschalten gegenseitig im Stationären aufheben. Nun kann der Zustandsraum wie folgt beschrieben werden:

$$\begin{bmatrix} a_v \\ \dot{\psi} \\ \delta_v \end{bmatrix}^{\bullet} = \begin{bmatrix} d_{11} & 0 & 0 \\ d_{21} & d_{22} & d_{23} \\ 0 & -1 & 0 \end{bmatrix} \cdot \begin{bmatrix} a_v \\ \dot{\psi} \\ \delta_v \end{bmatrix} + \begin{bmatrix} d_1 & 0 & 0 \\ 0 & b_{22} & b_{23} \\ 1 & 0 & 0 \end{bmatrix} \cdot \begin{bmatrix} u_v \\ \delta_h \\ M_z \end{bmatrix}$$

$$\begin{bmatrix} a_v \\ \dot{\psi} \\ \delta_v \end{bmatrix} = \begin{bmatrix} 1 & 0 & 0 \\ 0 & 1 & 0 \\ 0 & 0 & 1 \end{bmatrix} \cdot \begin{bmatrix} a_v \\ \dot{\psi} \\ \delta_v \end{bmatrix} + \begin{bmatrix} 0 & 0 & 0 \\ 0 & 0 & 0 \\ 0 & 0 & 0 \end{bmatrix} \cdot \begin{bmatrix} u_v \\ \delta_h \\ M_z \end{bmatrix}$$

(9.18), (9.19)

Aus dem Zustandsraum lässt sich ablesen, dass a_v nicht von δ_h und M_z steuerbar ist.

Das System kann in zwei Teilsysteme aufgeteilt werden und die Synthese kann separat voneinander erfolgen. Das erste Teilsystem für die Querbewegung lautet:

$$[a_v]^\bullet = [d_{11}] \cdot [a_v] + [d_1] \cdot [u_v] \tag{9.20}$$

Das zweite Teilsystem für die Gierbewegung lautet:

$$\begin{bmatrix} \dot{\psi} \\ \delta_v \end{bmatrix}^\bullet = \begin{bmatrix} d_{22} & d_{23} \\ -1 & 0 \end{bmatrix} \cdot \begin{bmatrix} \dot{\psi} \\ \delta_v \end{bmatrix} + \begin{bmatrix} d_{21} \\ 0 \end{bmatrix} \cdot [a_v] + \begin{bmatrix} b_{22} & b_{23} \\ 0 & 0 \end{bmatrix} \cdot \begin{bmatrix} \delta_h \\ M_z \end{bmatrix} + \begin{bmatrix} 0 \\ 1 \end{bmatrix} \cdot [u_v] \tag{9.21}$$

Zur Regelung der Querbeschleunigung lautet das Regelgesetz:

$$u_v = k_s \cdot (a_{vref} - a_v) + \frac{1}{v} \cdot a_v \tag{9.22}$$

Damit ergibt sich folgendes geschwindigkeitsunabhängiges Übertragungsverhalten:

$$\frac{a_v(s)}{a_{vref}(s)} = \frac{1}{\frac{1}{d_1 \cdot k_s} s + 1} = \frac{1}{\frac{m \cdot l_h}{l \cdot c_{sv} \cdot k_s} s + 1} \tag{9.23}$$

Mit diesem Übertragungsverhalten wird die Querbeschleunigung als PT_1-Verhalten mit einer über k_s vorzugebenden Verzögerungszeit eingestellt.

Zur Regelung der Gierbewegung lautet das charakteristische Polynom:

$$\det(s \cdot \underline{\underline{E}} - \underline{\underline{A}}) = s \cdot (s - d_{22}) + d_{23} = \omega_0{}^2 + 2 \cdot D \cdot \omega_0 \cdot s + s^2 \tag{9.24}$$

mit der Eigenkreisfrequenz und dem Dämpfungsgrad:

$$\omega_0{}^2 = \frac{c_{sh}}{m \cdot l_v} \qquad D = \frac{l}{2v} \sqrt{\frac{c_{sh}}{m \cdot l_v}} \tag{9.25), (9.26}$$

Der Dämpfungsgrad nimmt mit zunehmender Geschwindigkeit ab. Mit dem Regelgesetz, welches M_z als Stellgröße verwendet, wird eine Lehr'sche Dämpfung unabhängig von der Geschwindigkeit erzielt:

$$M_z = u_{M_z} - \left(\frac{l_h \cdot c_{sh} \cdot l}{v} - k_D \right) \cdot \dot{\psi} \tag{9.27}$$

Das gewonnene charakteristische Polynom lautet:

$$s^2 + \frac{k_D}{m \cdot l_h \cdot l_v} \cdot s + \frac{c_{sh}}{m \cdot l_v} = \omega_0{}^2 + 2 \cdot D \cdot \omega_0 \cdot s + s^2 \tag{9.28}$$

mit den dynamischen Kenngrößen:

$$\omega_0{}^2 = \frac{c_{sh}}{m \cdot l_v} \qquad D = \frac{k_D}{2 \cdot l_h} \sqrt{\frac{1}{m \cdot l_v \cdot c_{sh}}} \tag{9.29), (9.30}$$

Damit ist der Dämpfungsgrad unabhängig von der Geschwindigkeit und mit k_D einstellbar. Im Zustandsraum lautet das geregelte Gesamtsystem:

$$\begin{bmatrix} a_v \\ \dot{\psi} \\ \delta_v \end{bmatrix}^{\bullet} = \begin{bmatrix} -d_1 \cdot k_s & 0 & 0 \\ d_{21} & -\dfrac{k_D}{m \cdot l_h \cdot l_v} & d_{23} \\ -k_s + \dfrac{1}{v} & -1 & 0 \end{bmatrix} \cdot \begin{bmatrix} a_v \\ \dot{\psi} \\ \delta_v \end{bmatrix} + \begin{bmatrix} d_1 \cdot k_s & 0 & 0 \\ 0 & b_{22} & b_{23} \\ k_s & 0 & 0 \end{bmatrix} \cdot \begin{bmatrix} a_{vref} \\ \delta_h \\ u_{M_z} \end{bmatrix} \quad \textbf{(9.31), (9.32)}$$

Die Vorfilter F_v und F_h (siehe Abbildung 6-4) werden hinsichtlich einer statischen Kompensation des Schwimmwinkels bestimmt. Hierzu wird aus dem geregelten Verhalten der stationäre Endwert des Schwimmwinkels bestimmt. Durch Nullsetzen der Gleichung und einer Randbedingung für neutrales Fahrverhalten können die Vorfilter F_v und F_h berechnet werden. Als Randbedingung wird der lineare Zusammenhang zwischen Querbeschleunigung und Gierrate bei neutralem Eigenlenkverhalten verwendet.

9.2 Herleitung der Längsdynamikregelung

Mit dem bereits hergeleiteten Regelgesetz gilt für die modellgestützte, erweiterte Regelstruktur nach Abbildung 6-5:

$$v_x = G_{S,vx}\left(G_{Slip}\left(G_{R,vx}\left(v_{x,w} - v_x\right) + G_{Korr,vx} \cdot e_{Korr,vx}\right) - F_W\right) \quad \textbf{(9.33)}$$

Wobei G_{Slip} hier vereinfacht lediglich zur Umrechnung der Stellgrößen in eine Antriebskraft dient. Schnittstelle zu den unterlagerten Lokalreglern sind der Sollstrom, der zu einem Moment und über den Schlupf am Reifen zu einer Antriebskraft führt.

Das Übertragungsverhalten für die Fahrgeschwindigkeit lautet:

$$V_x(s) = \frac{G_{S,vx} \cdot G_{Slip} \cdot G_{R,vx}}{1 + G_{S,vx} \cdot G_{Slip} \cdot G_{R,vx}} \cdot V_{x,w}(s) + \frac{G_{S,vx} \cdot G_{Slip} \cdot G_{Korr,vx}}{1 + G_{S,vx} \cdot G_{Slip} \cdot G_{R,vx}} \cdot E_{Korr,vx}(s) - \frac{G_{S,vx}}{1 + G_{S,vx} \cdot G_{Slip} \cdot G_{R,vx}} \cdot F_W(s) \quad \textbf{(9.34)}$$

Mit den einzelnen Übertragungsfunktionen:

$$G_{S,vx} = \frac{1}{m_{ers}} \cdot \frac{1}{s} \qquad G_{R,vx} = \frac{m_{ers}}{T_{vx}} \quad \textbf{(9.35), (9.36)}$$

ergibt sich folgendes Übertragungsverhalten:

$$V_x(s) = \frac{1}{\frac{T_{vx}}{G_{Slip}} s + 1} \cdot V_{x,w}(s) + \frac{\frac{T_{vx}}{m_{ers}} \cdot G_{Korr,vx}}{\frac{T_{vx}}{G_{Slip}} s + 1} \cdot E_{Korr,vx}(s) - \frac{\frac{T_{vx}}{m_{ers} \cdot G_{Slip}}}{\frac{T_{vx}}{G_{Slip}} s + 1} \cdot F_W(s) \qquad (9.37)$$

Für die Bestimmung des Korrekturglieds wird der Schlupfeinfluss vernachlässigt, da dieser eine höhere Dynamik als das geregelte Geschwindigkeitsverhalten aufweist. Für das Korrekturglied, welches zur Minimierung der Abweichungen zwischen dem realen Verhalten und dem Referenzmodell dient, wird folgende Übertragungsfunktion gewählt:

$$G_{Korr,vx} = K_{Korr,vx} \cdot \frac{\frac{T_{vx}}{G_{Slip}} s + 1}{s} \qquad (9.38)$$

Damit ergibt sich ein rein integraler Einfluss der Abweichung $e_{Korr,vx}$ auf das System. Für eine schnelle Kompensation des Fahrwiderstands muss dieser eine deutlich geringere Nachstellzeit gegenüber der Zeitkonstante des geregelten Systems T_{vx} aufweisen. Diese wird um Faktor 10 schneller gewählt.

9.3 Anhang zur Stellgrößenverteilung

Nachfolgend werden die Ergebnisse des CAS Maple zur Stellgrößenverteilung dokumentiert. Dabei werden die Befehle kursiv und linksbündig und die entsprechenden Ergebnisse kursiv und mittig angeordnet dargestellt. Es wird die Gleichung für die Reifenseitenkraft am Rad hinten links F_{yHL} in Abhängigkeit des Giermoments M_z und der Gesamtlängskraft F_{xges} hergeleitet.

Zur Vereinfachung der Berechnungen gilt mit den Substitutionen entsprechend den Gleichungen (6.29) - (6.31) für das Giermoment M_z nach Gleichung (6.28):

$$Gl1 := Mz = -lh \cdot b \cdot FyHL + s/2 \cdot \left(d \cdot FxHL + f \cdot \sqrt{kVL^2 \cdot (FxHL^2 + FyHL^2) - FyVL^2}\right)$$

Für die Gesamtlängskraft F_{xges} gilt nach Gleichung (6.32) mit den Substitutionen gemäß den Gleichungen (6.33) und (6.34):

$$Gl2 := Fxges = d2 \cdot FxHL + f2 \cdot \sqrt{kVL^2 \cdot (FxHL^2 + FyHL^2) - FyVL^2}$$

Umgestellt nach F_{xHL}:

Gl3 := simplify(isolate(Gl2, FxHL), symbolic)

$$FxHL = \frac{1}{-kVL^2 f2^2 + d2^2}\Big(d2\ Fxges - f2\ \big(-kVL^4 f2^2\ FyHL^2 + kVL^2 f2^2\ FyVL^2 + kVL^2\ Fxges^2 + d2^2\ kVL^2\ FyHL^2 - d2^2\ FyVL^2\big)^{1/2}\Big)$$

Gl3 wird nun in *Gl1* eingefügt:
Gl4 := *subs*(Gl3, *Gl1*)

$$Mz = -lh\,b\,FyHL + \frac{1}{2}\,s\left(\frac{1}{-kVL^2 f2^2 + d2^2}\left(d\left(d2\,Fxges\right.\right.\right.$$

$$\left.\left. - f2\left(-kVL^4 f2^2 FyHL^2 + kVL^2 f2^2 FyVL^2\right.\right.\right.$$

$$\left.\left.\left. + kVL^2 Fxges^2 + d2^2 kVL^2 FyHL^2 - d2^2 FyVL^2\right)^{1/2}\right)\right)$$

$$+ f$$

$$\left(\frac{1}{\left(-kVL^2 f2^2 + d2^2\right)^2}\left(kVL^2\left(d2\,Fxges\right.\right.\right.$$

$$- f2\left(-kVL^4 f2^2 FyHL^2 + kVL^2 f2^2 FyVL^2\right.$$

$$\left.\left.\left. + kVL^2 Fxges^2 + d2^2 kVL^2 FyHL^2 - d2^2 FyVL^2\right)^{1/2}\right)^2\right)$$

$$\left.\left. + kVL^2 FyHL^2 - FyVL^2\right)^{1/2}\right)$$

Umgestellt nach F_{yHL} ergibt:
simplify(*isolate*(*Gl4*, *FyHL*), *size*)

$$FyHL = \frac{1}{4}\left(-s\left(d\,f2\right.\right.$$

$$\left. - f\,d2\right)$$

$$\left(-4\,lh^2\left(\left(\left(lh^2 b^2 FyVL^2 - \frac{1}{4}\,kVL^2\left(4\,Mz^2 + f^2 s^2 FyVL^2\right)\right)d.\right.\right.\right.$$

$$+ \frac{1}{2}\,s\,d\,kVL^2\left(f\,f2\,FyVL^2 s + 2\,Fxges\,Mz\right)d2 - \left(b^2\left(Fxges^2\right.\right.$$

$$\left. + FyVL^2 f2^2\right) lh^2 - \frac{1}{4}\left(-2\,Mz\,f2 + f\,s\,Fxges\right)^2 kVL^2$$

$$\left.\left.\left. + \frac{1}{4}\,d^2 s^2\left(Fxges^2 + FyVL^2 f2^2\right)\right)kVL^2\right)d2^2 b^2\right)^{1/2} + 2\,($$

$$-2\,Mz\,d2^2 + s\,d\,d2\,Fxges - f2\,kVL^2\left(-2\,Mz\,f2 + f\,s\,Fxges\right))$$

$$\left.lh^2 d2\,b^2\right) \Big/ \left(\left(\left(lh^2 b^2 - \frac{1}{4}\,f^2 s^2 kVL^2\right)d2^2\right.\right.$$

$$\left. + \frac{1}{2}\,d2\,s^2\,d\,kVL^2 f2\,f - \left(lh^2 b^2 + \frac{1}{4}\,d^2 s^2\right)kVL^2 f2^2\right)$$

$$\left. lh\,d2\,b\right)$$

Literaturverzeichnis

[Abe06] Abel, D.; Bollig, A.: *Rapid Control Prototyping,* 1. Auflage, Springer Verlag, Berlin/Heidelberg, 2006.

[Abe13] Abe, M.; Kano, Y.; Suzuki, N.; Hirata, J.; Sugai, T.; Matsuoka, D.: *Tire force distribution control to reduce energy dissipation due to tire slip during vehicle motion for full drive-by-wire electric vehicle,* 4. Internationales Münchner Fahrwerksymposium Chassis Tech 13.-14.06.2013, München, 2013.

[Adl12] Adler, E,; Schülein, V.; Böttger, D.; Silveira, A.: *Parameterbestimmung als Basis zur Optimierung des Fahrverhaltens des M-Mobiles,* Projektarbeit zur Vorlesung RCP, Institut für Mechatronik der Fakultät Maschinenbau, Ostfalia Hochschule, 05.07.2012.

[Ack93] Ackermann, J.: *Robuste Regelung,* Springer Verlag, Berlin/Heidelberg, 1993.

[Ahr94] Ahring, E.: *Fahrerorientierte Auslegung einer Allradlenkung,* Dissertation, Fakultät für Maschinenbau und Elektrotechnik, TU Braunschweig, 1994.

[Aim12] Aimagin Produktkatalog: https://www.aimagin.com/fio-std.html, aufgerufen am 31.10.13

[All11] Datenblatt Automotive Full Bridge MOSFET Driver A3941 der Fa. Allegro von 23.08.2011

[Alt11] Altsinger, R.: *Fahrwerk 2020,* Vortrag im VDI Arbeitskreis Fahrzeug- und Verkehrstechnik am 27.10.2011, Braunschweig, 2011.

[Amm10] Ammon, D.: *CO2-mindernde Fahrwerk- und Fahrdynamiksysteme,* Automobiltechnische Zeitschrift ATZ, Nr. 10, S. 770-775, 2010.

[Bau10] Angabe Hr. Pflüger, Entwicklungsabteilung Scheibenläufermotoren, Baumüller, Bad Gandersheim, 2010.

[Baum10] Datenblatt Baumüller Scheibenläufermotor GDM 120 N2 726/0710, 2010.

[Bei00] Beiker, S.: *Verbesserungsmöglichkeiten des Fahrverhaltens von Pkw durch zusammenwirkende Regelsysteme,* VDI-Fortschritt-Berichte, Reihe 12 Nr. 418, VDI-Verlag, Düsseldorf, 2000.

[Ber89] Berkefeld, V.: *Theoretische Untersuchungen zur Vierradlenkung Stabilität und Manövrierbarkeit,* Fachtagung Allradlenksysteme bei Personenkraftwagen, Essen, 1989.

[Bis89] Bischof, H.; Driedger, G.; Schleuter, W.: *Servoantriebe für Vorder- und Hinterradlenkungen in Personenwagen,* Fachtagung Allradlenksysteme bei Personenkraftwagen, Essen, 1989.

[Böt10] Böttger, D.; Seiler, P.; Vajen, T.; Achtert, C.: *Entwicklung des Antriebs und der Lenkung für das M-Mobile,* Projektarbeit, Institut für Mechatronik der Fakultät Maschinenbau, Ostfalia Hochschule, 01.07.2010.

[Böt11] Böttger, D.: *Modellbildung und Simulation des Steer-by-Wire des M-Mobiles,* Studienarbeit, Institut für Mechatronik der Fakultät Maschinenbau, Ostfalia Hochschule, 28.02.2011.

[Bor12] Borchardt, N.; Kasper, R.; Heinemann, W.: *Design of a wheel-hub motor with air gap winding and simultaneous utilization of all magnetic poles,* IEEE International Electric Vehicle Conference (IEVC), Greenville, SC

(USA), 04.-08.03.2012

[Bor98] Boros, I.: *Identifikation querdynamisch relevanter Fahrzeugparameter im Fahrbetrieb,* VDI-Fortschritt-Berichte, Nr. 1411, VDI-Verlag, Düsseldorf, 1998.

[Bos10] Datenblatt zu Drehratensensor Bosch 0 265 005 751, 2010.

[Bos12] Bossdorf-Zimmer, B.; Krinke, S.; Lösche-Terhorst, T.: *Die Well-to-Wheel Analyse,* Motortechnische Zeitschrift MTZ, Nr. 2, S. 106-110, 2012.

[Buc12] Buchta, R.; Liu-Henke, X.: *Analysis of Active Toe-in for Vehicle Longitudinal Dynamics,* IEEE International Conference on Research and Education in Mechatronics REM, Paris, 2012.

[Buc13] Buchta, R.; Liu-Henke, X.: *Energetic Aspects for an Integrated Vehicle Dynamics Control for E-Vehicles with Decentral Drives and All-Wheel Steering,* IEEE International Symposium on Electrodynamic and Mechatronic Systems SELM, Zawiercie, Polen, 2013.

[Buc213] Buchta, R.; Liu-Henke, X.; Kasper, R.: *Entwicklung einer integrierten Fahrdynamikregelung für Elektrofahrzeuge,* Tagung 11. Magdeburger Maschinenbau Tage MMT 25.-26.09.2013, Magdeburg, 2013.

[Buc313] Buchta, R.; Liu-Henke, X.: *Development of an Integrated Vehicle Dynamics Control,* 4. Internationales Münchner Fahrwerksymposium Chassis Tech 13.-14.06.2013, München, 2013.

[Buc413] Buchta, R.; Liu-Henke, X.: *Modeling of a Battery Electric Vehicle (BEV) for efficient Model-Based Design*, Journal of Solid State Phenomena 198 (2013), S. 533-538.

[Bum10] Buma, S.; Taneda, A.: *Design und Entwicklung des Electric Active Stabilizer Suspension System,* 19. Aachener Kolloquium, S. 1581–1602, Aachen, 2010.

[Bün06] Bünte, J.; Andreasson, J.: *Integrierte Fahrwerkregelung mit minimierter Kraftschlussausnutzung auf der Basis dynamischer Inversion,* 3. VDI Fachtagung Steuerung und Regelung von Fahrzeugen und Motoren AUTOREG, Wiesloch, 2006.

[Cam99] Camuffo, I.; Data, S.; Krief, P.: *Vehicle lateral dynamics analysis in frequency domain,* 6th International Conference Florence ATA, Florenz, 1999.

[Che12] Chen, Y.; Wang, J.: *Fast and Global Optimal Energy-Efficient Control Allocation With Applications to Over-Actuated Electric Ground Vehicles,* IEEE Transactions on Control Systems Technology Volume 20, Issue 5, S. 1202-1211, 2012.

[Chen12] Chen, Z.: *Modellbasierter Entwurf eines Ausweichmanövers,* Studienarbeit, Institut für Mechatronik der Fakultät Maschinenbau, Ostfalia Hochschule, 08.05.2012.

[Die13] Diehl, W.; Quantmeyer, F.; Liu-Henke, X.: *Model-Based development of the algorithms for a battery management system,* 9th International Conference Mechatronic Systems and Materials (MSM 2013), Vilnius, Lithuania, 2013.

[Din70] DIN 70000: *Straßenfahrzeuge – Fahrzeugdynamik und Fahrverhalten – Begriffe,* ISO 8855, Ausgabe 1991, modifiziert 1994.

[Dog10] Datenblatt Doga DC-Motoren Reihe 111, 2010.

[Don89] Donges, E.; Auffhammer, R.; Fehrer, P.; Seidenfuß, T.: *Funktion und*

Sicherheitskonzept der Aktiven Hinterachskinematik von BMW, Fachtagung Allradlenksysteme bei Personenkraftwagen, Essen, 1989.

[Dum89] Duminy, J.: *Allradlenksysteme für Personenwagen und Nutzfahrzeuge,* Fachtagung Allradlenksysteme bei Personenkraftwagen, Essen, 1989.

[Eck13] Eckert, M.; Gauterin, F.: *Energieoptimale Fahrdynamikregelung in Elektrofahrzeugen mit Einzelradantrieb,* Automobiltechnische Zeitschrift ATZ elektronik, Nr. 5, S. 392-400, 2013.

[Egh11] Eghtessad, M.; Kücükay, F.: *Customer-Orientated Dimensioning of Electrified Drivetrains,* 8th Hybrid and Electric Vehicle Symposium, Braunschweig, 2011.

[Egh12] Eghtessad, M.; Meier, T.; Kücükay, F.; Rinderknecht, S.: *Optimal EV-Drivetrain Configurations*, 9th Hybrid and Electric Vehicle Symposium, Braunschweig, 2012.

[Ers06] Ersoy, M.; Hartmann, A.: *Aktives Fahrwerk zur integrierten Aufbaustabilisierung und variabler Raddämpfung ASCA,* 15. Aachener Kolloquium, Aachen, 2006.

[Fei10] Feigl, M.: *Mechatronische Achsgeometrie im Fahrzeug*, Dissertation, Cuvillier Verlag, Göttingen, 2010.

[Föl08] Föllinger, O.: *Regelungstechnik – Einführung in die Methoden und ihre Anwendung,* 10. durchgesehene Auflage als Nachdruck der 8. Auflage von 1994, Hüthig Verlag, Heidelberg, 2008.

[Fug06] Fugel, M.; Scholz, N.; Kücükay, F.: *Anforderungen an die Getriebe in Hybridfahrzeugen,* Tagung Getriebe in Fahrzeugen 2006, S. 93-116, VDI-Berichte 1943, VDI-Verlag, Düsseldorf, 2006.

[Fri13] Fritsch, M.: *Entwicklung eines Achssteuergeräts für das M-Mobile,* Studienarbeit, Institut für Mechatronik der Fakultät Maschinenbau, Ostfalia Hochschule, 22.05.2013.

[Gil63] Gilber, E.: *Controllability and observability in multivariable control systems,* SIAM Journal of Control an Optimization, S. 128-151, 1963.

[Göt11] Datenblatt zu Leitdrahtsensorik HG 19520, HG 57500: http://www.goetting.de/komponenten/19520, http://www.goetting.de/komponenten/57500, aufgerufen am 04.04.2011

[Grö12] Gröninger, M.; Horch, F.; Kock, A.; Pleteit, H.: *Elektrischer Radnabenmotor,* Automobiltechnische Zeitschrift ATZ elektronik, Nr. 01, S. 46-50, 2012.

[Han13] Niedersächsisches Ministerium für Wissenschaft und Kultur: *Innovationen für Menschen - Gemeinschaftsstand 2013 auf der Hannover Messe,* Hannover, 2013.

[Heg13] Heger, M.; Gaedke, A.: *Electric Power Steering for light commercial vehicles,* 4. Internationales Münchner Fahrwerksymposium Chassis Tech 13.-14.06.2013, München, 2013.

[Hei11] Heißing, B.; Ersoy, M.; Gies (Hrsg.), S.: *Fahrwerkhandbuch,* 3. überarbeitete und erweiterte Auflage, Vieweg+Teubner Verlag, Wiesbaden, 2011.

[Hil09] Hillenbrand, S.; Stolpe, I.: *Optimierung der Reibwertausnutzung der Reifen durch aktive Antriebsmomentenverteilung*, at-Automatisierungstechnik, Nr. 5, pp. 223-229, 2009.

[Hir13] Hirzel, C.; Kasper, R.: *Modellierung eines Antriebsstrangs zur*

Absicherung neuer Funktionen elektrifizierter Fahrzeuggetriebe, Tagung 11. Magdeburger Maschinenbau Tage MMT 25.-26.09.2013, Magdeburg, 2013.

[Höh11] Höhn, B.-R.; Stahl, K.; Wirth, C.; Kurth, F.; Lienkamp, M.; Wiesbeck, F.: *Der elektromechanische Antriebsstrang mit Torque-Vectoring-Funktion des E-Fahrzeugs MUTE der TU München,* Tagung Getriebe in Fahrzeugen 2011, VDI-Bericht Nr. 2130, S. 77-94, Düsseldorf, 2011.

[Inf13] Infineon: *Datenblatt Infineon OptiMOS(TM) 3 Power Transistor IPD048N06L3 G,* Rev. 2.0, München, 2008.

[Ise08] Isermann, R.: *Mechatronische Systeme,* 2. Auflage, Springer Verlag, Berlin/Heidelberg, 2008.

[Ise11] Isermann, R.; Münchhof, M.: *Identification of Dynamic Systems*, Springer Verlag, Berlin/Heidelberg, 2011.

[Ise92] Isermann, R.: *Identifikation dynamischer Systeme Band 1+2*, Springer Verlag, Berlin/Heidelberg, 1992.

[Kal63] Kalman, R.: *Mathematical description of linear dynamical systems,* SIAM Journal of Control and Optimization, S. 152-192, 1963.

[Kas09] Kassel, T.: *Optimale Gangzahl und Schaltkollektive für Fahrzeuggetriebe,* Dissertation, Institut für Fahrzeugtechnik, TU Braunschweig, 2009.

[Kas12] Kasper, R.; Schünemann, M.: *5. Elektrische Fahrantriebe – Topologien und Wirkungsgrad*, Motortechnische Zeitschrift MTZ, Nr. 10, S. 802-807, 2012.

[Kep10] Keppler, D.; Rau, M.; Ammon, D.; Kalkkuhl, J.; Suissa, A.; Walter, M.; Maack, L.; Hilf, K.-D.; Däsch, C.: *Realisierung einer Seitenwind-Assistentfunktion für Pkw,* AAET-Symposium, ITS und Gesamtzentrum für Verkehr, Braunschweig, 2010.

[Knö10] Knödel, U.; Strube, A.; Blessing, U.; Klostermann, S.: *Auslegung und Implementierung bedarfsgerechter elektrischer Antriebe,* Automobiltechnische Zeitschrift ATZ, Nr. 06, S. 462-466, 2010.

[Knö11] Knödel, U.; Stein, F.-J.; Schlenkermann, H.: *Variantenvielfalt der Antriebskonzepte für Elektrofahrzeuge,* Automobiltechnische Zeitschrift ATZ, Nr. 07-08, S. 552-557, 2011.

[Kob04] Kobetz, C.: *Modellbasierte Fahrdynamikanalyse durch ein an Fahrmanövern parameteridentifiziertes querdynamisches* Simulationsmodell, Shaker Verlag, Aachen, 2004

[Kob09] Kober, W.; Kreutz, M.; Angeringer, U.; Horn, M.: Konzept eines Fahrdynamikreglers für die Längs- und Querdynamik von Fahrzeugen, at-Automatisierungstechnik 57 (2009) 5, S. 238-244, 2009.

[Kor01] *Vorrichtung zur Spureinstellung an einem Fahrzeug,* Europäisches Patent EP 1145936A1 (17.10.2001), Korte, H.-B., Continental AG

[Krü10] Krüger, J.; Pruckner, A.; Knobel, C.: *Control Allocation für Straßenfahrzeuge - ein systemunabhängiger Ansatz eines integrierten Fahrdynamikreglers*, 19. Aachener Kolloquium Fahrzeug- und Motorentechnik 2010, Aachen, 2010.

[Kuc11] Kuchenbuch, K.; Vietor, T.; Stieg, J.: *Optimierungsalgorithmen für den Entwurf von Elektrofahrzeugen,* Automobiltechnische Zeitschrift ATZ, Nr. 07-08, pp. 548-551, 2011.

[Küc12] Kücükay, F.: *Das Getriebe hat auch in Elektrofahrzeugen Zukunft,* VDI

Nachrichten, 07.09.2012

[Küc90] Kücükay, F.: *Rechnerunterstützte Getriebedimensionierung mit repräsentativen Lastkollektiven,* Automobiltechnische Zeitschrift ATZ, Nr. 06, 1990.

[LEM09] Datenblatt Stromwandler CASR-Serie der Fa. LEM von 2009

[Lie12] Lienkamp, M.: *Elektromobilität – Hype oder Revolution?,* Springer Verlag, Berlin/Heidelberg, 2012.

[Liu05] Liu-Henke, X.: *Mechatronische Entwicklung der aktiven Feder-/Neigetechnik für das Schienenfahrzeug RailCab*, VDI-Fortschritt-Berichte, Reihe 12, Nr. 589, VDI-Verlag, Düsseldorf, 2005.

[Liu08] Liu-Henke, X.: *Vorlesungsskripte zu Fahrdynamikregelung und Antriebsmanagement in der Fahrzeugmechatronik,* Ostfalia Hochschule, Wolfenbüttel, 2008.

[Liu10] Liu-Henke, X.: *Das M(echatronic)-Mobile: Ein Elektrofahrzeug mit dezentralem Direktantrieb,* Stammtisch Elektromobilität der Hochschule Ostfalia 03.11.2010, Wolfenbüttel, 2010.

[Liu11] Liu-Henke, X.; Buchta, R.; Quantmeyer, F.: *Simulation eines mechatronischen Lenkungsmoduls für ein Elektrofahrzeug mit dezentralen Direktantrieben,* Tagung der Arbeitsgemeinschaft Simulation ASIM STS/GMMS 2011, Krefeld, 2011.

[Liu13] Liu-Henke, X.; Buchta, R.; Scheele, M.: *Systemkonzept einer aktiven Fahrzeugfederung für Elektrofahrzeuge,* Tagung der Arbeitsgemeinschaft Simulation ASIM STS/GMMS 2013, Düsseldorf, 2013.

[Lüc00] Lückel, J.; Koch, T.; Schmitz, J.: *Mechatronik als integrative Basis für innovative Produkte,* VDI-Berichte 1533, VDI-Verlag, Düsseldorf, 2000, S. 1-26.

[Lun13] Lunkeit, D.; Weichert, J.: *Performance-orientated realization of a rear wheel steering system for the Porsche 911 Turbo,* 4. Internationales Münchner Fahrwerksymposium Chassis Tech 13.-14.06.2013, München, 2013.

[Ma13] Ma, B.: *Modellbasierte Optimierung der Abstandsregelung für das M-Mobile,* Institut für Mechatronik der Fakultät Maschinenbau, Ostfalia Hochschule, 16.04.2013.

[Mat11] MATLAB: *User's Guide,* The MathWorks Inc., Release 2012a, 2011.

[May01] Mayr, R.: *Regelungsstrategien für die automatische Fahrzeugführung,* Springer Verlag, Berlin/Heidelberg, 2001.

[Mei08] Meißner, T. C.: *Verbesserung der Fahrzeugquerdynamik durch variable Antriebsmomentenverteilung*, Cuvillier Verlag, Göttingen, 2008.

[Mel03] Meljnikov, D.: *Entwicklung von Modellen zur Bewertung des Fahrverhaltens von Kraftfahrzeugen,* Dissertation, Universität Stuttgart, 2003.

[Mic13] Datenblatt Microstrain 3DM-GX3-45: http://www.microstrain.com/inertial/3dm-gx3-45, aufgerufen am 31.10.2013

[Mit04] Mitschke, M.; Wallentowitz, H.: *Dynamik der Kraftfahrzeuge,* 4. neubearbeitete Auflage, Springer Verlag, Berlin Heidelberg, 2004.

[MUT13] *http://www.mute-automobile.de/technik/torque-vectoring-getriebe.html*, aufgerufen am 31.10.13

[Ore07] Orend, R.: *Integrierte Fahrdynamikregelung mit Einzelradaktorik*, Shaker Verlag, Aachen, 2007

[Pac07] Pacejka, H. B.: *Tire and Vehicle Dynamics,* 2nd repr. ed., Butterworth-Heinemann, Amsterdam, 2007.

[Pal13] Palm, H.; Holzmann, J.; Schneider, S.-A.; Koegeler, H.-M.: *Die Zukunft im Fahrzeugentwurf: Systems-Engineering-basierte Optimierung,* Automobiltechnische Zeitschrift ATZ, Nr. 6, S. 512-517, 2013.

[Pau10] Pautzke, F.: *Radnabenantriebe,* Shaker Verlag, Aachen, 2010.

[Pep13] Datenblatt zu 2D-Laserscanner R2000: http://www.pepperl-fuchs.de/germany/de/classid_53.htm?view=productdetails&prodid=43828, aufgerufen am 31.10.2013

[Pfe11] Pfeffer, P. E.: *Aktive Fahrwerksysteme*, Automobiltechnische Zeitschrift ATZ, Nr. 06, S. 444-451, 2011.

[Pfe13] Pfeffer, P.; Harrer, M. (Hrsg.): *Lenkungshandbuch,* 2. überarbeitete und ergänzte Auflage, Wiesbaden, 2013.

[Pol09] Pollak, B.; Blessing, U. C.; Hüpkes, S.: *How much transmission is needed for Hybridization and Electrification?,* CTI Symposium, Berlin, 12.2012.

[Pol13] Pololu Produktkatalog: http://www.pololu.com/catalog/product/1457, aufgerufen am 31.10.13

[Qua12] Quantmeyer, F.: *Internes Projekt zur Identifikation,* Institut für Mechatronik der Fakultät Maschinenbau, Ostfalia Hochschule, 2012.

[Qua13] Quantmeyer, F.; Liu-Henke, X.: *Modeling and Identification of Lithium-Ion Batteries for Electric Vehicles*, IEEE International Symposium on Electrodynamics and Mechatronic Systems – SELM'13, Zawiercie, Polen, 2013.

[Qua213] Quantmeyer, F.; Liu-Henke, X.: *Entwicklung eines hochflexiblen HiL-Systems zur Echtzeiterprobung des elektronischen Fahrzeugmanagements*, Tagung 11. Magdeburger Maschinenbau Tage, Magdeburg, 2013.

[Qua313] Quantmeyer, F.: *Modellbasierte Reglersynthese einer Reifenschlupfregelung beim kooperativen Bremsen,* Internes Projekt, Institut für Mechatronik der Hochschule Ostfalia, 2013.

[Ras08] Raste, T.; Bauer, R.; Rieth, P.: *Global Chassis Control: Challenges and Benefits within the networked Chassis,* FISITA World Automotive Congress, München, 2008.

[Red94] Redlich, P.: *Objektive und subjektive Beurteilung aktiver Vierradlenkstrategien,* Shaker Verlag, Aachen, 1994.

[Rei10] Reif (Hrsg.), K.: *Fahrstabilisierungssysteme und Fahrerassistenzsysteme,* Vieweg Verlag, Wiesbaden, 2010.

[Rein10] Reinold, P.; Nachtigal, V.; Trächtler, A.: *An Advanced Electric Vehicle for Development and Test of New Vehicle-Dynamics Control Strategies,* AAC 2010-IFAC Symposium Advances in Automotive Control, München, 2010.

[Rei11] Reinold, P.; Trächtler, A.: *Mehrzieloptimierung zur Stellgrößenermittlung für die Horizontaldynamik eines Elektrofahrzeugs mit Einzelradaktorik,* Tagung AUTOREG 2011, VDI-Berichte 2135, VDI-Verlag, Düsseldorf,

2011.

[Rei84] Reichelt, W.: *Identifikationsmethoden für die Fahrdynamik,* Automobiltechnische Zeitschrift ATZ, Nr. 9, pp. 391-397, 1984.

[Rie40] Riekert, P.; Schunck, T.: *Zur Fahrmechanik des gummibereiften Kraftfahrzeugs,* Ingenieur Archiv, Band 11, S. 210-224, 1940.

[Sab10] Dimension Engineering Produktkatalog: http://www.dimensionengineering.com/products/sabertooth2x25, aufgerufen am 31.10.13

[Sac06] Sackl, W.; Mohan, S.: *Simulation and Definition of an Active Yaw Control Device,* 7. Grazer Allradkongress, Graz, 2006.

[Schä12] Schäfer, P.; Wahl, G.; Harrer, M.: Das Fahrwerk des Porsche 911, Automobiltechnische Zeitschrift ATZ, Nr. 6, S. 460-465, 2012.

[Schi07] Schindler, E.: *Fahrdynamik,* Expert Verlag, Renningen, 2007.

[Schi84] Schiehlen, W. O.: *Technische Dynamik,* Teubner Verlag, Stuttgart, 1984.

[Schra10] Schramm, D.; Hiller, M.; Bardini, R.: *Modellbildung und Simulation der Dynamik von Kraftfahrzeugen*, Springer Verlag, Berlin/ Heidelberg, 2010

[Schwa03] Schwarz, R.; Rieth, P.: *Global Chassis Control-Systemvernetzung im Fahrwerk,* at-Automatisierungstechnik 51 (2003) 7, S. 300-312, 2003.

[Sig10] Beschreibung des Netzwerkanalysators SigLab 20-22: http://www.sigmatest.net/fft.htm, aufgerufen am 05.05.2010

[Sig96] SigLab, *SigLab User's Guide,* Version 2.2, DSP Technology Inc., 1996.

[Str08] Streiter, R.: *ABC Pre-Scan im F700 – Das vorausschauende aktive Fahrwerk von MercedesBenz,* Automobiltechnische Zeitschrift ATZ, Nr. 5, S. 388-397, 2008.

[Vie08] von Vietinghoff, A.: *Nichtlineare Regelung von Kraftfahrzeugen in querdynamisch kritischen Fahrsituationen*, Universitätsverlag Karlsruhe, Karlsruhe, 2008

[Wag12] Wagner, G.: *Potential steckt in der Elektrifizierung,* Automobiltechnische Zeitschrift ATZ, Nr. 4, S. 294-296, 2012.

[Wan93] Wang, Y.: *Ein Simulationsmodell zum dynamischen Schräglaufverhalten von Kraftfahrzeugreifen bei beliebiger Felgenbewegung,* Dissertation, Universität Karlsruhe, 1993.

[Wan11] Wang, J.; Chen, Y.: *Energy-Efficient Control Allocation with Applications on Planar Motion Control of Electric Ground Vehicles,* American Control Conference, San Francisco, 2011.

[Wil12] Willems, M.: *Potenzialabschätzung zur Rekuperation der Stoßdämpferenergie,* Automobiltechnische Zeitschrift ATZ, Nr. 9, S. 684-688, 2012.

[Wil13] Willems, M.: *Electromechanical rotary damper – impacts on chassis concepts, cross linking and dynamic damper behaviour,* 4. Internationales Münchner Fahrwerksymposium Chassis Tech 13.-14.06.2013, München, 2013.

[Win10] Datenblatt Winston Batteries WB-LYP40AHA, 2010.

[Yam06] Yamakawa, J.; Watanabe, K.: *A method of optimal wheel torque determination for independent wheel drive vehicles,* Journal of Terramechanics 43 (2006), S. 269-285, 2006.

[Zam94] Zamow, J.: *Beitrag zur Identifikation unbekannter Parameter für fahrdynamische Simulationsmodelle,* VDI-Fortschritt-Berichte, Reihe 12, Nr. 217, VDI-Verlag, Düsseldorf, 1994.

[Zdy11] Zdych, R.; Vogel, V.; Gruhle, W.-D.: *Torque Vectoring Systeme im Vergleich,* Tagung AUTOREG 2011, VDI-Berichte 2135, VDI-Verlag, Düsseldorf, 2011.

[Zom91] Zomotor, A.: *Fahrwerktechnik – Fahrverhalten,* 2. Auflage, Vogel Verlag, Würzburg,1991.

[Zom02] Zomotor, Z.: *Online-Identifikation der Fahrdynamik zur Bewertung des Fahrverhaltens von Pkw,* Dissertation, Universität Stuttgart, 2002.